本书出版获得以下基金项目的支持：国家自然科学基金项目（71761137001、71403015、71521002）；北京市社会科学基金研究基地重点项目（17JDYJA009）；北京市自然科学基金面上项目（9162013）；国家重点研发计划（2016YFA0602801、2016YFA0602603）；北京市教委共建项目专项资助。

中国经济增长与环境质量关系
基于环境库兹涅茨曲线的研究

郝 宇 著

科学出版社

北京

内 容 简 介

在追求绿色发展的时代背景下，本书从对改革开放后中国经济发展与环境质量关系的系统梳理入手，对描述经济发展与环境质量之间关系的环境库兹涅茨曲线理论的内涵和经典数理模型进行了较为详细的介绍，之后针对中国空气污染、温室气体排放、水资源的环境库兹涅茨曲线的存在性和形态特征等进行研究，并对宏观政策如何影响环境库兹涅茨曲线及污染的社会经济影响等问题进行定量评估和系统研究，最后对如何加速中国环境库兹涅茨曲线拐点到来及尽快全面改善中国生态环境质量的重要问题提出相应政策建议。

本书适合环境经济、环境政策、能源经济、宏观经济等领域的学者、科研人员、高校师生与相关领域政府工作人员，以及关心中国经济发展与环境保护的各界人士阅读。

图书在版编目(CIP)数据

中国经济增长与环境质量关系：基于环境库兹涅茨曲线的研究／郝宇著.
—北京：科学出版社，2020.3

ISBN 978-7-03-063529-7

Ⅰ.①中… Ⅱ.①郝… Ⅲ.①中国经济–经济增长–关系–环境质量–研究 Ⅳ.①F124.1②X820.2

中国版本图书馆 CIP 数据核字（2019）第 266076 号

责任编辑：王 倩／责任校对：樊雅琼
责任印制：吴兆东／封面设计：无极书装

科学出版社 出版
北京东黄城根北街 16 号
邮政编码：100717
http://www.sciencep.com
北京中石油彩色印刷有限责任公司 印刷
科学出版社发行 各地新华书店经销
*
2020 年 3 月第 一 版 开本：787×1092 1/16
2021 年 1 月第二次印刷 印张：10
字数：240 000
定价：138.00 元
（如有印装质量问题，我社负责调换）

序

探究经济增长与环境质量的关系是一项非常有价值的工作。

改革开放以来，经过 40 多年的快速增长，中国经济总量跃居世界第二位，各项社会事业已稳步推进，人民生活水平得到很大提升。然而，在享有经济高速增长带来的发展成果的同时，也付出了很大的环境代价，大气污染、水体污染、土壤污染等环境污染问题不仅直接危害到居民的身心健康，还反作用于经济生产活动，增加了环境成本，并影响到经济发展的可持续性。环境污染与经济增长之间的矛盾变得日益尖锐。如何实现经济发展与环境质量之间的平衡？从历史经验和社会发展规律来看，经济增长和环境之间往往存在着冲突和矛盾：早期的经济增长通常以破坏生态环境为代价，经济发展到一定阶段后则需要治理生态环境以促进环境质量的恢复和好转。"既要金山银山，又要绿水青山"已成为现阶段我国社会对经济发展方式的共识，而对于环境治理体系的变革也逐渐受到社会各界的广泛重视。在人与自然和谐共生的新时代生态文明思想指导下，中国的发展模式也正由过去的"高速增长"转变为"可持续发展"的新常态。适逢这样的历史背景和使命召唤，环境经济学领域的大批研究者致力于中国经济发展与环境保护的探索性研究，该书的作者就是其中的佼佼者。

《中国经济增长与环境质量关系：基于环境库兹涅茨曲线的研究》一书具有以下特点。

第一，系统性。环境库兹涅茨曲线（EKC）是环境经济学研究的基本理论假说，从提出迄今也只有近 30 年时间，是在 1955 年提出的库兹涅茨曲线基础上延伸而来的，被广泛用于实证检验经济发展与环境质量之间的相关关系。该书非常系统地对 EKC 的内涵及理论解释进行了详尽的阐述，对国内外的相关研究进展以及学术界存在的争议进行了全面的综述，进而分别对我国的空气污染、二氧化碳排放、水资源和宏观经济政策的环境库兹涅茨曲线进行了实证分析。

第二，研究性。与一般的著作不同，该书最为突出的特点是每一章都是相对独立的，可作为用来发表的优秀文章，涵盖了大量的国内外文献，搜集了大量的历史数据，进行了实证分析，并对未来之路进行了展望。这充分说明作者的学术功底深厚。对于一个年轻的理论工作者来说，这也是非常宝贵的财富。假以时日，该书作者必将有更多的更高水平的成果问世。

第三，问题导向。一项研究如果没有问题导向，无异于隔靴搔痒，自娱自乐，其价值将大打折扣。理论研究就是提出问题—分析问题—解决问题的过程。本书每一章的撰写，都是以问题为导向，围绕这些关键问题，从研究背景和文献综述入手，进而是研究方法和数据以及实证结果分析，最后回到问题本身，这是非常严谨的研究范式。

本书一共分为 8 章，分别是第 1 章中国的经济发展和环境质量概况；第 2 章环境库兹涅茨曲线的内涵及理论解释；第 3 章中国空气污染的环境库兹涅茨曲线研究；第 4 章中国 CO_2 排放的环境库兹涅茨曲线研究；第 5 章中国水资源的环境库兹涅茨曲线研究；第 6 章宏观经济政策对环境质量的影响；第 7 章环境污染对中国经济增长的负面效应评估；第 8 章加速中国环境库兹涅茨曲线"拐点"到来之路。

众所周知，环境质量问题绝非一日之寒，如何减轻甚至消除其与经济社会发展之间的矛盾，可能需要经过几代人的不懈努力，需要政府、企业及公众的广泛参与和监督。这也为理论工作者提供了广阔的舞台，因为实践永远是理论研究的源泉。我愿意向相关专业学者、资源与环境经济学专业的师生，推荐此书。

张生玲

北京师范大学经济与资源管理研究院教授、博士生导师

2019 年 8 月 8 日

目　　录

序
第1章 中国的经济发展和环境质量概况 ·· 1
　　1.1 中国经济的跨越式发展 ··· 1
　　1.2 中国经济增长的隐忧 ·· 9
　　1.3 中国经济转型之路 ··· 14
　　参考文献 ·· 24
第2章 环境库兹涅茨曲线的内涵及理论解释 ······································ 26
　　2.1 环境库兹涅茨曲线的内涵 ··· 26
　　2.2 环境库兹涅茨曲线的绿色索洛模型 ·· 31
　　2.3 有关环境库兹涅茨曲线的争议 ·· 35
　　参考文献 ·· 37
第3章 中国空气污染的环境库兹涅茨曲线研究 ···································· 44
　　3.1 中国空气污染概述 ··· 44
　　3.2 中国大气环境库兹涅茨曲线研究概述 ······································· 49
　　3.3 计量方法和数据 ··· 51
　　3.4 实证结果和分析 ··· 56
　　3.5 本章小结 ·· 60
　　参考文献 ·· 61
第4章 中国 CO_2 排放的环境库兹涅茨曲线研究 ···································· 65
　　4.1 CO_2 排放现状概述 ··· 65
　　4.2 CO_2 排放环境库兹涅茨曲线的概述 ··· 71
　　4.3 CO_2 排放与经济发展关系的实证分析 ······································· 73
　　4.4 本章小结 ·· 80
　　参考文献 ·· 81
第5章 中国水资源的环境库兹涅茨曲线研究 ······································ 83
　　5.1 水资源利用现状概述 ··· 83
　　5.2 水资源环境库兹涅茨曲线的概述 ·· 86
　　5.3 水资源利用与经济发展关系的实证分析 ······································ 89
　　5.4 本章小结 ·· 96
　　参考文献 ·· 97

第6章　宏观经济政策对环境质量的影响 ················· 100

6.1　政策外部性总论 ····························· 100

6.2　财税政策、政府行为与环境质量 ················· 101

6.3　土地财政对二氧化硫排放影响的实证分析 ··········· 104

6.4　本章小结 ································· 112

参考文献 ···································· 113

第7章　环境污染对中国经济增长的负面效应评估 ·········· 117

7.1　环境污染对经济增长负面影响机理 ··············· 117

7.2　环境污染影响经济增长的机理和测算的评估综述 ······· 119

7.3　中国雾霾污染造成的公共健康经济成本评估 ·········· 124

参考文献 ···································· 132

第8章　加速中国环境库兹涅茨曲线"拐点"到来之路 ········ 135

8.1　可持续发展之路与生态文明建设 ················ 135

8.2　经济结构的转型升级和新型城镇化 ··············· 137

8.3　发达国家的经验教训与中国的后发优势 ············· 142

8.4　针对不同环境污染物的差异性管控措施 ············· 145

8.5　协调宏观经济、产业、能源和环保等相关政策 ········· 146

参考文献 ···································· 148

后记 ··· 149

|第1章| 中国的经济发展和环境质量概况

改革开放以来，历经了40多年飞速发展的中国，在经济发展上取得了举世瞩目的成就。随着经济体制由传统计划经济向社会主义市场经济的转变，中国的经济总量已跃居世界第二。而成功加入世界贸易组织（WTO）更是将中国的对外开放推入了崭新的时代。然而，中国在享有过去几十年经济高速增长所带来的发展成果的同时，也付出了很大的环境代价。大气污染、水体污染、土壤污染等环境污染问题不仅直接危害到居民的身心健康，还反作用于经济生产活动，增加了环境成本，并影响到经济发展的可持续性。时至今日，"既要金山银山，又要绿水青山"已成为中国社会对经济发展方式的共识，而环境治理体系的变革也逐渐受到社会各界的广泛重视。同时，在环境质量急需改善和进入经济新常态的形势下，中国的发展模式也正由过去的"高速增长"转变为"可持续发展"。本章将对中国经济发展和环境质量概况进行一个总体概述，主要从以下几个方面展开。

- 中国改革开放40年（1978～2018年）的伟大经济发展成就。
- 中国当前所面临的环境污染情况。
- 中国经济发展的转型之路以及在转型过程中对环境质量的重视与保护。

1.1 中国经济的跨越式发展

1.1.1 从计划经济转向社会主义市场经济后的持续快速发展

1. 从计划经济向社会主义市场经济的转变

改革开放以来，中国经济实现了前所未有的跨越式发展，中国居民的生活也发生了翻天覆地的变化。这一切都离不开中国经济体制由传统计划经济向社会主义市场经济的转变。

中华人民共和国在成立之初的很长一段时期都在学习和模仿苏联的中央计划模式，中央计划模式是在"斯大林主义"的计划经济思想指导下的中央计划经济体制。许多人将计划经济视为社会主义的基本特征之一，盲目地将市场经济与资本主义画上等号，忽视并否定市场的作用。在21世纪的今天，我们必须肯定传统的社会主义计划经济体制在社会主义建设初期有利于动员社会资源并集中用于关键部门的建设，在推动社会主义工业化方面发挥过极为突出的作用，也大大促进了当时中国的经济发展。但是随着时间的推移和国情的变化，计划经济体制高度统一、排斥市场作用、资源配置效率低下的固有缺陷日益凸显，导致劳动者生产积极性不高、经济缺乏活力，这严重束缚了生产力发展。至 1978 年，尽管中国的名义国内生产总值（GDP）达到 3624 亿元（较 1965 年的 1716 亿元翻了一倍多），年均实际增速达 6.8%，并建立起了一个独立的、门类齐全的工业体系，但是人民依然贫苦，生产技术仍相对落后。为加快经济发展，解放和发展生产力，经济体制的改革迫在眉睫。

1978 年，邓小平在中国共产党十一届三中全会上提出实施改革开放，即"对内改革，对外开放"，国家政策也从此变更。1978 年 11 月，安徽省凤阳县小岗村实行"分田到户，自负盈亏"的家庭联产承包责任制（大包干），中国对内改革的大幕正式拉开。1992 年春，邓小平在"南方谈话"中进一步回应了普遍存在的对市场经济的担忧和顾虑，为市场经济体制的创建指明了方向，至此，中国改革开放进入了新的阶段。2013 年，中国进入全面深化改革新时期，改革围绕经济、政治、文化、社会、生态文明和党建六大主线，涵盖15 个领域，包括 60 个具体任务。其中，经济体制改革是全面深化改革的重点，其核心问题是处理好政府与市场间的关系，使市场在资源配置中起决定性作用并更好地发挥政府宏观调控作用。至 2018 年，在改革开放的 40 年间，面对风云变幻的国际国内形势，中国发生了巨大而深刻的变化。但无论面对怎样的艰难险阻，中国的改革决心不会动摇，改革脚步也不会停止。

2. 国民经济持续快速发展

改革开放以来，中国国民经济持续快速发展，社会经济发展水平不断提高。从总量规模上看，改革开放之初，中国的 GDP 仅为 3679 亿元人民币；而到 2018 年，GDP 已高达90.03 万亿元人民币（图 1.1），这使得中国成了世界第二大经济体。中国经济总量占世界经济的比重也由 1978 年的 1.8% 上升到了 2018 年的 16%，仅次于美国。从经济增速来看，自 1978～2018 年，中国 GDP 的年均实际增速高达 9.5%。从经济结构的角度看，中国工业化进程逐渐加快，第一产业、第二产业、第三产业的结构日趋合理化。并且，2018 年中国三产结构的比例分别为 7.2%、40.7% 和 52.1%。第三产业的发展增幅已经超过第一产业和第二产业，成为拉动中国经济增长的主要力量（金碚，2008）。从人均 GDP 水平来看，1978 年中国人均国内生产总值为 385 元人民币，是当时世界上典型的低收入国家；而2018 年，中国人均国内生产总值已经高达 64 520 元人民币，已经跻身中等偏上收入国家行列。改革开放 40 余年来，中国共计有 7 亿多人脱贫。

1.1.2 加入世界贸易组织后的全面开放新格局

1. 中国加入世界贸易组织（WTO）对世界经济的巨大贡献

2001 年，经历 15 年艰苦谈判的中国终于加入了世界贸易组织的大家庭，这是中国在深度参与经济全球化道路上的重要里程碑。同时，这也标志着中国的改革开放进入了新的历史阶段。加入世界贸易组织后的中国，切实履行了加入世界贸易组织时的各项承诺，并

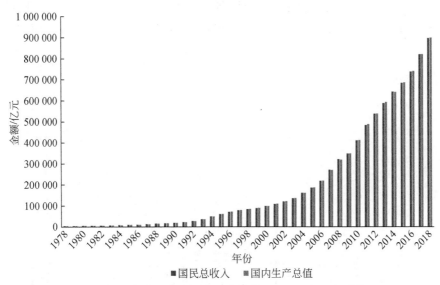

图 1.1　1978～2018 年中国名义国内生产总值（GDP）与国民总收入（GNI）

始终致力于完善市场经济体制。

　　第一，中国坚持完善社会主义市场经济体制和法律体系，使市场在资源配置中起决定性作用。第二，履行货物贸易领域开放的承诺，大幅降低进口关税，显著削减非关税壁垒，全面放开外贸经营权。截至 2010 年，中国的货物降税承诺已全部履行完毕，关税总水平已由 2001 年的 15.3% 降至 9.8%。其中，农产品平均税率由 23.2% 降至 15.2%，远低于发展中成员国 56% 和发达成员国 39% 的平均关税水平。第三，履行服务贸易领域开放的承诺，通过广泛开放服务市场、持续减少限制措施，逐步降低服务领域外资准入门槛。第四，严格履行知识产权保护承诺。自 2001 年以来，中国对外支付知识产权费年均增长 17%，在 2017 年时达到 286 亿美元。并且根据世界知识产权组织的数据，2017 年中国通过《专利合作条约》途径提交的专利申请受理量已经高达 5.1 万件，仅亚于美国。

　　中国加入世贸组织为世界经济做出了突出的贡献。第一，带动了世界经济的复苏与增长。按照汇率法计算，中国 2016 年 GDP 占世界的比重达 14.8%，较 2001 年提高 10.7%。2002 年以来，中国对世界经济增长的平均贡献率接近 30%，已成为拉动世界经济复苏和增长的重要引擎（李善同等，2000）。第二，中国对外贸易的发展惠及全球。根据世界贸易组织数据（图 1.2），2018 年中国在全球货物贸易进口和出口总额中所占比重分别达到了 13.2% 和 12.8%，已成为 120 余个国家和地区的主要贸易伙伴，为全球提供质优价廉的商品。2001～2018 年，中国货物贸易进口额年均增长 13.5%，高出世界平均水平 6.9个百分点，已成为全球第二大进口国。第三，双向投资造福世界各国。中国积极吸引外国机构和个人来华投资兴业，外商直接投资（FDI）规模自 1992 年起始终位居发展中国家之首。加入世界贸易组织后，我国 FDI 规模从 2001 年的 468.8 亿美元增长至 2018 年的1349.66 亿美元，年均增长 5.66%。外商投资企业在提升中国经济增长质量和效益的同时，也分享着中国经济发展的红利。与此同时，中国对外投资合作持续健康发展，2001～

2018 年，中国对外直接投资年度流量全球排名从第 26 位上升至第 3 位。中国的对外投资合作也推动了东道国经济发展和民生改善，加快了当地的技术进步，为其创造了大量的就业机会。

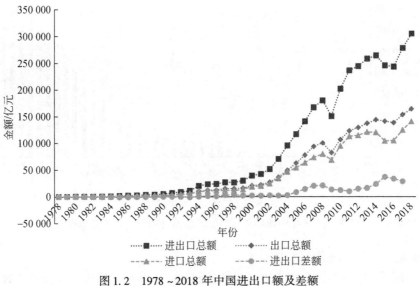

图 1.2　1978～2018 年中国进出口额及差额

2. 从"引进来"到"走出去"的全面开放新格局

自改革开放以来，我国积极引入外资，特别是在 20 世纪 90 年代初，外商直接投资增长迅速（图 1.3）。此后，我国引入外资速度逐步放缓，对外投资大幅上升。2018 年，我国吸引外商直接投资（FDI）达到 1349.66 亿美元，全行业对外直接投资更是高达 1298.3 亿美元，这正是中国从"引进来"到"走出去"的生动写照（彭劼等，2015）。

"走出去"的不仅仅是对外投资，更有着国产的品牌和中国的技术。近年来，以通信产品、高铁和汽车等产品为代表的含有国产技术的产品不断走向世界各地。以华为、小米、江淮汽车和阿里巴巴为代表的企业更是在世界市场上占据一席之地，并在海外设立了工厂及研发基地。以华为为例，截至 2018 年上半年，华为手机已经以 15.8% 的全球市场份额超越苹果，成了全球第二大智能手机供应商。而这一切都离不开其对于技术研发的重视；2018 年华为研发费用达到 200 亿美元，已超过公司营收的 20%。

在"走出去"的同时，我国也不忘构建开放型经济新体制，着力于推动形成全面开放新格局，实现由经贸大国向经贸强国的转变。中国共产党第十九次全国代表大会强调"中国开放的大门不会关闭，只会越开越大"。在新时代推动全面开放新格局，"构建人类命运共同体"，从以下三个方向着手发力。

第一，进一步扩大对外开放，为中国经济注入新动力。具体而言，在区域上加快内陆地区的开放步伐，借鉴东部沿海地区的开放经验，优化中西部地区的投资环境，吸引外来资本，加速陆海内外联动、东西双向互济的开放新格局的形成；在行业上，重点扩大服务

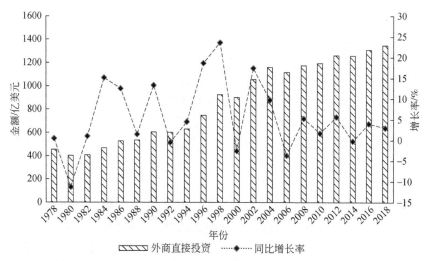

图 1.3 1978 ~ 2018 年中国外商直接投资（FDI）和同比增长率

业开放领域，逐步放开金融、保险、电信、文化、教育、医疗等领域的准入限制，大力发展服务贸易，增强服务业国际竞争力，推动开放从制造业单一动能向制造业与服务业双轮驱动转变。在方式上，发挥自由贸易试验区的独特作用。

第二，推动从"中国制造"向"中国创造"的转变。一方面，从供给侧加快产业转型升级，围绕全面提升全要素生产率，进一步推进制度创新、技术创新和商业模式创新，提高商品和服务质量，向世界输出更多的中国品牌、中国智造、中国标准与中国模式，提升国际竞争力。另一方面，在需求侧运用质量、技术、环保标准等对项目投资实行准入限制，严格引进符合高质量发展要求的产业项目，推动中国经济从数量发展向质量提升的转变。

第三，推进"一带一路"国际合作，打造人类命运共同体。对内而言，加强"一带一路"建设同京津冀协同发展等国家战略的对接，形成海陆内外联动、东西双向互济的开放格局。对外而言，通过利用国际国内两个市场、两种资源，积极对接有关国家和区域发展战略，实现优势互补（卢锋等，2015）。目前，"一带一路"建设实施顺利，开启了我国与沿线国家经贸投资合作新空间。2013 ~ 2017 年，我国同"一带一路"沿线国家贸易总额为 33.2 万亿元。2015 ~ 2017 年，我国对"一带一路"沿线国家投资累计达 486 亿美元。在中国和沿线各国的积极努力下，"一带一路"倡议已经取得初步成果，并逐渐显示出它的重要作用，成为推动我国新时代全面开放格局的重要战略。

1.1.3 改革开放以来的伟大成就

1. 所有制结构与收入分配结构逐步完善

中华人民共和国成立后的一段时间内，在所有制问题上的误区曾导致其长期处于单一的所有制结构。1975 年，在工业总产值中，国家所有占 81.1%，集体所有占 18.9%。而在社会商品零售总额中，国家所有占 56.8%，集体所有占 43%，个体所有占 0.2%。这种畸形发展的所有制结构极大抑制了生产力的发展以及劳动者的生产积极性。改革开放40年来的实践证明，对所有制结构的改革大大解放和发展了社会生产力。随着"以公有制为主体，多种所有制经济形式并存"的所有制结构的形成和不断发展，我国社会主义基本经济制度不断完善，各地区、各行业的生产力得到了飞速发展，居民收入也得到了普遍提高。

1980年以后，作为中国传统所有制结构主体的国有经济比重连续下降（郭克莎，1994）。国有经济固定资产投资比例占全社会固定资产的投资比例也逐年降低，1985年为66.1%，1990年为66.0%，1995年为54.4%，2000年为50.1%，到2004年仅为36%。与此同时，非公有经济的比例则从1980年的13.1%上升到2004年的50%，可谓占据了国民经济的"半壁江山"。

改革开放以来，国有企业通过"放权让利""抓大放小"和"公司制""股份制"等一系列"稳、准、狠"的改革，完成了从"绝对垄断"到"合理布局"的战略性调整，这在国民经济的发展过程中发挥了重要作用。2017年，在规模以上工业中，国有控股企业数量占4.9%，但其主营业务收入占22.2%，利润总额占22.1%，平均用工人数占16.9%；根据2017年《财富》世界500强企业排名[①]，我国上榜的115家企业中，中央企业占48家，其收入占我国全部上榜企业营业收入的比重接近50%。可见，随着国有经济战略性调整持续推进，国企素质和综合竞争力正在不断增强。

改革开放以来，民营经济的迅速发展，为国民经济不断注入着生机与活力。民营企业在促进经济增长、扩大就业等方面发挥了巨大而突出的作用。截至2017年，规模以上私营工业企业数量达到22.2万家，占全部规模以上工业的57.7%；吸纳就业3271万人；资产总计达到25.1万亿元；主营业务收入40万亿元，在国民经济中有着十分重要的地位。近年来，随着国家推进简政放权、放管结合，优化服务改革，民间的投资活力得到了进一步增强。2013～2017年民间投资年均增长达14.2%，增速迅猛。除此之外，点多面广的个体工商户、民营中小企业也在产业链条中发挥了不可替代的作用，成为中国吸纳就业、推动创新不可或缺的生力军，是中国经济中充满活力的重要部分。

合理的收入分配制度是社会公平正义的重要体现。随着改革开放以来收入分配制度改革的不断深化，我国始终积极提高低收入群体的收入及保障水平，努力壮大中等收入人群规模，完善税收调节机制，促进再分配的公平性，努力实现发展成果由全体人民共享。

改革开放以来，我国居民收入大幅增长，这是与我国各个阶段的所有制结构的变革相适应的。其增长过程分为多个阶段：1978～1984年是第一阶段，为快速增长阶段。在农村普遍推行的家庭联产承包责任制在极大程度上解放了生产力，提高了农民的生产积极性，促进了农村经济的快速发展以及农民收入的大幅增加。这一阶段农村居民收入年均增长18.2%，达到了改革开放以来农村居民收入增长的最高水平。1985～1997年是第二阶段，为曲折中的缓慢增长阶段。在这一阶段由于反复曲折，我国居民收入年均增长6.5%，低于同期经济增速，也是改革开放以来我国居民年均收入增长最慢的时期。1998年以来是第

---

① 《财富》2017年世界500强排行榜：http://www.fortunechina.com/fortune500/c/2017-07/20/content_286785.htm

三阶段，为恢复增长阶段。1997 年中国共产党第十五次全国代表大会报告提出了我国社会主义初级阶段基本经济制度的新理论、对公有制经济及其主体地位的新见解以及公有制的多种实现形式的新论断，这促进了思想解放，进一步推动了所有制结构的调整，从而促进了社会生产力的发展。中国共产党第十八次全国代表大会以来，按照"两个同步"的要求，国家积极重视居民收入与经济增长同步，居民收入在国民收入分配中的比重不断提高。1979～2017 年，全国居民人均可支配收入年均实际增长 8.5%。其中，2013～2017 年年均实际增长 7.4%，高出人均 GDP 增速 0.9 个百分点。

居民收入来源多元化，财产性收入的占比不断提高。由于改革开放前我国实行绝对平均主义的分配方式，工薪收入几乎为城镇居民收入的唯一来源，而农村居民收入则主要是集体工分收入。改革开放后，我国在坚持按劳分配为主体的基础上，允许并鼓励资本、技术、管理等要素按贡献参与分配，这些都使社会生产力获得了极大的解放与发展。2017 年，在城镇居民人均可支配收入中，工资性收入占比下降到了 61%，而财产净收入提高至 9.9%。伴随农村外出务工人员的增加，农村居民工资性收入增长较快。2017 年，在农村居民人均可支配收入中，工资性收入和转移净收入占比分别提高到 40.9% 和 19.4%；财产净收入也实现了从无到有和从少到多的转变。

此外，城乡和区域收入差距较大的问题也有所缓解。改革开放以来，国家不断完善强农惠农政策，并加大了对中西部地区特别是民族地区、边疆地区和贫困地区的支持与补贴，随着城乡、区域收入差距的不断缩小，农村的贫困状况也得到了极大的改善。1979～2017 年，总体而言农村居民收入增长快于城镇居民，农村居民人均可支配收入的年均实际增速高出城镇居民 0.4 个百分点。城乡居民的收入倍差也由 2013 年的 2.81 下降至 2017 年的 2.71。依据 2010 年标准，改革开放以来我国农村贫困人口累计减少了 7.4 亿人，贫困发生率下降至 3.1%。2013～2017 年，贫困地区农村居民人均可支配收入年均实际增长 10.4%，高出全国农村居民收入增速 2.5 个百分点，这彰显出我国农村居民脱贫攻坚工作的显著成效。

2. 城镇化进程不断推进

城镇化是我国实现现代化的必由之路，也是我国最大的内需潜力和发展动能之所在。改革开放以来，在农村经济体制改革、户籍制度改革等系列政策的推动下，我国城镇化进程得到迅速发展，逐渐实现由城乡分割向城乡一体化发展的转变，同时城乡发展的协调性也明显增强。当代我国城镇化进程的发展推进主要体现在以下三个方面。

首先，城镇化水平明显提高。改革开放以来，随着农业生产力提高和工业化快速推进，大量农村人口向城市转移，常住人口城镇化率由 1978 年末的 17.92% 上升到 2017 年末的 58.52%，提高了 40.6 个百分点，年均提高 1.04 个百分点。特别是近年来国家大力推动以人为核心的新型城镇化发展，注重提升城镇化质量，农业转移人口市民化进程加快。2017 年末，我国户籍人口城镇化率达 42.35%，与常住人口城镇化率的差距显著缩小。与此同时，随着产业发展向城市集中，城镇就业人数明显上升，2017 年末，城镇就业人员占全国就业总量的比重达 54.7%，城镇吸纳就业的能力得到显著增强。

其次，城市数量持续增加，城市群发展迅速。改革开放以来，随着城镇化进程提速，以城市群为主体的空间格局不断完善，初步形成了以北京、上海、广州等特大城市为龙头，以省会城市和地级市等大型城市为主体，以中小城市和小城镇为补充，以广大乡镇为底基的多层次、广覆盖的城镇网络体系。改革开放以来，城市数量由 193 个发展到 661 个，其中，地级以上城市从 101 个增加到 298 个，县级市从 92 个增加到 363 个，建制镇数量从 2176 个增加到了 21 116 个，城市功能与宜居水平也在不断提高。

此外，乡村发展也呈现出新面貌，城乡经济社会发展一体化新格局逐渐形成。改革开放以来，国家统筹城乡发展，落实农村基础设施建设，大力改善农村生产生活环境。2017 年末，我国农村公路里程达 401 万 km，较 1978 年增长 5.7 倍；全国通公路的乡镇占全国乡镇总数的 99.99%。农村居民生活水平和质量也在不断提高，截至 2017 年全国行政村通宽带比例超过 90%。汽车、计算机、移动电话等在农村普及速度明显加快，据《中国统计年鉴》，2017 年，农村居民平均每百户拥有家用汽车 19.3 辆、计算机 29.2 台、移动电话 246 部。并且，2017 年新型农村合作政策（新农合）医疗门诊报销比例达 50%，住院费用报销比例达到了 70%，农民基本医疗保障水平得到了明显提高。

3. 区域结构优化重塑

随着改革开放以来区域协调发展战略的深入实施，中国不同地区的比较优势得到有效发挥，区域发展协同性不断增强。中国共产党第十八次全国代表大会以来，我国以"三大战略"为引领，统筹推进四大板块联动发展，使得区域发展形成了沿海与内陆各具优势、协调发展的良好势头。

东部地区率先发展，领军作用明显。在改革开放初期，作为改革开放的先行地区和前沿地带，东部地区特别是东南沿海地区发挥区位优势，抢抓机遇，率先发展，对推动全国经济快速发展发挥了重要作用。2017 年，东部地区生产总值占全国的比重为 52.6%，较 1978 年上升 9.0 个百分点。东部地区人均地区生产总值约为 11 530 美元，已经接近高收入国家水平（根据世界银行定义人均 GDP 高于 12 055 美元即为高收入国家）。近年来，随着我国经济发展迈入新阶段，东部地区在体制创新、技术创新、产业结构升级和陆海统筹等方面先行先试，发挥了重要的示范与带动作用。

中西部地区利用后发优势，为全国经济发展提供新的支撑点。自 1990 年以来，为解决地区发展差距拉大的问题，国家相继做出了实施"西部大开发""振兴东北等地区的老工业基地""促进中部地区崛起"等重大战略决策。近年来，随着各项支持性政策的逐步落实，中西部地区基础设施条件明显改善，基本公共服务差距不断缩小，发展后劲显著增强。此外，中西部地区积极发挥资源丰富、要素成本低、市场潜力大的优势，积极承接国内外产业转移，新型工业化和城镇化进程不断加速。2001～2017 年，中部和西部地区生产总值年均分别实际增长 11.1% 和 11.6%，分别高出东部地区 0.1 和 0.6 个百分点，为国民经济发展注入了新的活力，也提供了新的支撑点。

"三大战略"为区域经济协调发展增添了新动力。"一带一路""京津冀协同发展"和"长江经济带"三大战略，为转型发展的中国经济提供了广阔空间，也为正艰难复苏的世界经济提供了"中国机遇"。京津冀协同发展硕果累累，雄安新区设立、基础设施互联互通、生态环境联防联治、北京城市功能转移、产业发展协同协作取得了显著的成效。长江经济带则以省际协商合作为重点，加快推进体制机制创新，初步形成长三角、长江中游和成渝三大城市群。2017年，京津冀地区生产总值占全国的比重为9.7%，长江经济带占比为43.7%。与此同时，我国也积极探索加强区域合作的新模式新路径，国家级新区、国家综合配套改革试验区、自由贸易试验区等功能平台遍地开花，区域发展活力显著提高。

1.2 中国经济增长的隐忧

1.2.1 环境污染状况

改革开放后，中国经济增长迅速，经济成果丰硕，但同时也伴随着巨大的环境代价。随着科学发展观的提出，以绿色协调可持续为核心的绿色发展理念逐渐成了指引我国经济可持续发展的主流思想，这在一定程度上促进了对于环境的保护。尽管如此，我国的环境污染状况依旧十分严峻。

1. 水体污染

缺水，是目前中国面临的主要环境危机之一。虽然中国的水资源总量居世界第六位，但人均水资源占有量仅是世界平均水平的四分之一。国内众多地区的缺水状况都是由水体污染所致。目前，我国70%的江河湖泊处于污染状态；近90%的城市水域污染严重，特别是南方城市总缺水量的60%~70%是由于水污染造成的；城市地下水也普遍存在污染问题，其中重度污染约占40%①。水污染不仅造成了水体的使用功能降低，也使得水资源短缺的问题更为严重。在过去的计划经济体制下，一些经济发展政策是不利于环境保护的。例如，曾经在我国"遍地开花"的"十五"小企业，它们布局分散、生产工艺落后、规模不经济，带来了严重的环境污染和生态破坏。而未来，我国还将面临十分严峻的水资源紧缺形势。城市污水处理、垃圾处理由政府包揽，也容易给政府造成巨大的负担，导致环境基础设施建设缺少资金投入，甚至出现因经费来源问题已建成污染处理设施无法正常运转的情况。

2. 大气污染

在我国，大气污染的程度及其危害性并不亚于我国的水体污染。大气污染主要分为以下四类。

一是二氧化硫。目前，中国的化石能源消耗以煤炭为主。在煤炭消耗量不断增加的同时，二氧化硫的排放总量也持续走高。虽然近年来二氧化硫排放量已出现下降趋势，但排

---

① 数据来源：佚名. 中国七成江河湖泊被污染由八大原因造成. 安全与环境工程，2006（01）：106

放总量仍然较高，仍居世界前列（图1.4），其导致的酸雨污染范围也进一步扩大，进而直接导致我国土壤和水体酸化、植被死亡，并使得粮食、蔬菜和水果产量减少。空气中的二氧化硫甚至会直接引发人体呼吸系统疾病，严重者甚至会危害生命。

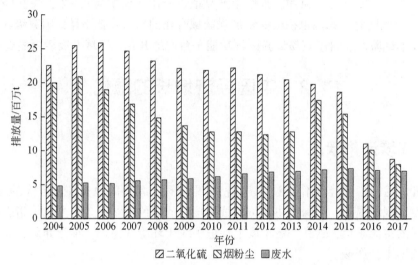

图1.4　2004～2017年中国废水及工业废气排放量

二是烟尘和粉尘。目前，火电厂以及工业锅炉仍是烟尘的主要排放源，这是因为电厂大多选择使用低效除尘器。这令其烟尘的排放量居高不下，对大气环境造成了严重的影响。

三是机动车排气污染。受经济增长的推动和影响，我国机动车数量大幅增长，其导致氮氧化物、一氧化碳和碳氢化合物排放量的上升。此外，汽车尾气中所含有的铅也是重要的大气污染物，给居民身体健康造成直接而严重的危害。

四是可吸入颗粒物。过去20年里，随着流行病学对空气中颗粒物研究的深入，颗粒物被认为是对人体危害最大的大气污染物。此外，作为雾霾主要成分之一的细颗粒物（$PM_{2.5}$）对人体健康的威胁更大，更容易导致居民罹患呼吸系统疾病、心脑血管疾病、肺癌，甚至加大死亡风险（邵帅等，2016）。

3. 固体废弃物污染

当前，我国固体废弃物产生量一直居高不下，2016年，214个大、中城市一般工业固体废弃物产生量达14.8亿t。其中，2005～2014年，工业固体废弃物平均每年增长7%，城市生活垃圾平均每年增长4%（陶建格，2012）。由于我国目前处置固体废弃物的能力仍然存在较大缺陷，所以多数的危险废弃物仍然只能被低水平综合利用或被简单储存，城市生活垃圾无害化处置率较低。并且在老的固体废弃物所造成的环境问题还没有得到有效解决的情况下，新的问题又接连出现。近年来，由于废弃电器产品等新型固体废弃物不断增长，农村固体废弃物污染问题也愈发值得关注。尽管我国2017年处理固体废弃物的项目投资已经达到了127 419万元，但相较于西方发达国家仍处于较低的水平。不过值得欣喜的是，近年来我国处理废弃物的专利申请量逐年增加，2017 年已经达到 4178 件。通过科技手段提高处理固体废弃物的水平，将是固体废弃物处置的治本之策。

总体而言，目前我国的环境污染形势依然严峻，环境保护工作任重而道远。只有将"绿水青山就是金山银山"的思想付诸实践，坚持节约资源和保护环境的基本国策，将绿色发展的理念贯彻于生产生活的各个方面，积极完善环境治理体系，才能遏制生态环境恶化的势头，并从根本上解决环境污染的问题，从而免于走上部分西方国家"先污染后治理"的老路。

1.2.2 环境压力

造成我国生态环境不断恶化的原因众多，且错综复杂。目前，我国的环境主要存在以下三大压力。

1. 人口压力

人口压力主要是来源于人口数量问题、人口结构问题和人口分布问题。其中，对我国环境压力影响最大的是人口数量问题。世界上许多经济欠发达国家的人口过度增长，都曾引起过众多社会、经济、环境问题。这样的人口数量问题在我国也较为明显，近年来我国人口数量持续增长，总人口基数依旧庞大，这不但成为中国现代化进程路上的一大障碍，也是中国生态环境治理的最大压力之一。在个人的生存压力和国家经济快速发展的需求下，毁林开荒、围湖造田、乱采滥挖、破坏植被等在短期经济利益驱使下的过度开发活动，超越了大自然支持系统的输出能力和承载力，使得生态环境不断恶化。

2. 工业化压力

我国工业化发展起点低、起步较晚，面临赶超发达国家的繁重任务。随着近年来产业结构的调整、工业化进程的加快，我国不仅以资本高投入支持经济高速增长，还以资源高消费、环境高代价换取经济繁荣。当前，很多传统产业的增长速度减缓，有些工业产品出现了负增长的现象，全国能源需求量和生产量大幅下降。我国越来越多的产业增产已经不是经济发展所必须的内容，压缩产量反而是改善产业状况的必要措施。在大量生产能力过剩和有效需求不足的情况下，推动经济结构和工业结构的调整已经成为进一步发展经济的迫切需要。

3. 市场压力

当前的中国，正处于市场经济的转型过程，在此过程中产生的许多外部经济效应和不经济效应导致了环境污染并形成了我国的环境压力。在中国未来一段时间的发展进程中，人口还将在一定增长幅度内持续增加，经济总量还将不断扩大，城市化进程继续加快，农村、农业也将继续走向现代化，随着新技术、新化学品大量被投入使用，如果生态环境问题不被重视，环境问题将愈演愈烈，并将最终成为我国经济发展道路上的重大阻碍。

环境作为一种与所有人的利益都息息相关且不会增加社会总成本的公共财产，对全体公民的重要性都不言而喻。而政府是公共财产的唯一提供者，来自市场经济的压力愈大，政府防治环境污染、整治国土资源的责任就愈大。为改变日益恶化的生态环境形势，无论是针对市场失灵的调控还是对于环境污染的直接治理，都是对当前中国政府执政水平的巨大考验。

1.2.3　环境污染危害

水是生命之源，无论是对于自然界还是对于人类生命活动，都是必不可少的重要物质。在现代化的工业生产中，水也扮演着重要的角色。水体污染不但直接影响人类个体的生命健康，还会对人类社会的经济活动产生严重的负面影响。人类如果饮用了被污染的水，污染物进入人体内可能会诱发各种急性或者慢性疾病。根据相关资料，世界上约有80%的疾病与水污染有关。人类五大疾病——伤寒、霍乱、胃肠炎、痢疾和传染性肝病均可由不洁的水引起。当工业生产的水源遭到污染后，需要投入大量的资源进行处理，这将给生产活动带来高额成本。而食品工业的用水要求则更为严格，水质一旦出现问题，生产企业将遭受巨大打击。在农业生产领域，农业用水受到污染，不但会导致作物减产，生产方遭受经济损失，还可能会对误食受污染产品的人畜造成潜在的伤害。

空气是人类不可缺失的生存要素，其受到污染所产生的危害将丝毫不亚于水体污染。受污染的空气首先会令人在感官上产生不适，随后在生理上可能出现永久性伤害，并可能进一步导致急、慢性病症。大量研究已经证实，大气颗粒物的质量浓度能够严重影响人类的身体状况，引起肺功能衰竭、呼吸性疾病和心血管疾病甚至死亡。大气污染对工业生产经营也可能造成负面影响，大气污染中的酸性污染物和二氧化硫、二氧化氮等对工业材料、设备和建筑设施的腐蚀，将在一定程度上提高企业的经营成本，阻碍企业的发展。大气污染甚至能对天气和气候造成影响，如氮氧化物和氟氯烃类等污染物的排放引发的"臭氧空洞"问题。

固体废弃污染物的危害也同样不容小觑。除了大量的固体废弃污染物将会侵占公共空间、浪费土地资源之外，固体废弃物的堆置还可能造成土壤污染。而这些受污染的土地以及由这些土壤种出的瓜果蔬菜将会对人类的健康造成威胁。并且在固体废弃污染物中，一些微小污染元素还会随着天然降水或地表径流进入河流、湖泊，造成水体污染。此外，对于固体污染物清理的不及时还会影响到城市容貌和环境卫生。

1.2.4　环境治理体系变革

改革开放以来，中国逐步建立起环境治理的法律框架和行政体系，并将"保护环境"列为基本国策，同时引入环境影响评估、排污收费等制度进行污染防治、生态保护和资源保护。近年来，我国环境污染治理投资稳占比稳定，投资额稳步提升（图1.5）。以上措施虽在一定程度上减轻了环境污染的程度，但没能从根本上抑制环境质量和生态资源持续恶化的势头，环境治理体系仍需调整变革。

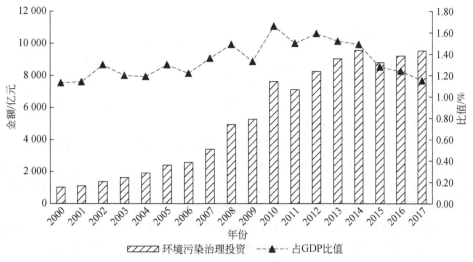

图 1.5　2000～2017 年中国环境污染治理投资额及占 GDP 比值

随着中国共产党第十八次全国代表大会以来中共中央提出全新的生态文明发展战略，我国环境监管的法律体系、组织机构和政策工具也正悄然进化。环境治理从"解决经济发展的环境负外部性"的从属性问题，转变成"引领新的发展模式"的主动性战略，这对环境治理体系的变革具有重要的指导意义。

在传统的"大政府、小社会"格局下，中国政府作为治理主体长期主导了环境监管的职责。中国共产党第十八次全国代表大会以来，环境信息公开、环境公益诉讼和公众参与等多项政策法规逐渐将社会力量引入环境治理领域，实现了治理主体多元化的转变。尽管如此，一些问题还仍然存在。

在环境信息公开方面，我国于 2007 年颁布了《环境信息公开办法（试行）》的部门规章。但由于缺乏强有力的监管，信息质量不高。并且虽然自愿公开环境信息的企业占大多数（主要是上市公司），但其公开信息的程度和质量却参差不齐。

中国的环境公益诉讼立法起步较晚。2015 年新修订的《中华人民共和国环境保护法》规定合法登记及拥有良好记录的社会组织可以提起环境公益诉讼。相较于 2012 年的民事诉讼法增修条例，这一修订案给予环境公益诉讼更高的合法性地位，是法制建设的一大进步，明确并扩大了有权起诉的公益组织资格范围。另外，现有法规尚未赋权个人进行环境公益诉讼，还有进一步扩大社会参与范围的空间。

环境公众参与包括公众对环境的知情权、监督权和参与权。早年的公众参与实践往往流于形式，受限于环境信息的公开程度和项目决策的相对封闭性，其实际效果并不理想。2015年实施的新《中华人民共和国环境保护法》将"信息公开和公众参与"单列一章，凸显公共参与的重要性。随后，环境保护部在 2015 年 7 月印发的《环境保护公众参与办法》中明确规定了征求意见、问卷调查等的具体方式和要求。环境公众参与逐渐成了公民运动和决策现代化的突出领域。

当前，中国百姓对优美环境、美丽家园的期待日益增长。在新的历史时代，要进一步加强生态环境保护、增强群众的获得感，还需要各方不断探索和努力。2017 年末，中国共产党第十九次全国代表大会报告提出了"构建政府为主导、企业为主体、社会组织和公众共同参与的环境治理体系"，更加明晰了未来环境治理体系变革的重点。

从政府主导角度，制度创新急需进一步加强。政府部门具有愈发明确的思路与方向来履行环境责任，要求管生产、管发展也要管好环保。但当前各地出台的环保责任清单虽然已经明确规定了地方党委政府以及各部门的环保职责，然而想要相关部门能够真正发挥出作用，依然需要继续完善相关制度。

从企业主体角度，企业转型急需通过各项政策来进行引导。要加快出台各类资源税，推进环境税落地，加快水权、排污权全面确权和交易，大力发展绿色金融，为企业转型创造有利环境。地方政府各部门要加强宏观指导，在进行严格监管的同时也要加强服务。要培育第三方服务市场，为企业做好环境咨询服务。

从社会组织和公众参与角度，非政府组织（NGO）等第三方治理急需进一步加强。在当前阶段，NGO 等第三方治理者拥有着特殊的优势：首先，由于具备较强的社会公信力，在动员公众广泛参与方面更为有效；其次，第三方治理者对于基层情况更为熟悉，能够及时发现存在的生态环境问题；最后，由于具备充足的精力，第三方治理者可以进行持续跟踪，可以充分发挥其监督作用。作为联系政府以及百姓的桥梁和纽带，NGO 能够在发动公众参与方面发挥有效作用，成为环境治理的一大重要力量。因此，应当对相关的政策制度不断完善，为 NGO 的发展提供支持（宋妍和张明，2018）。

综上所述，面对公众对优美生态环境的急迫需求，对环境治理体系的完善已经是时代的召唤。应着重改革环境治理体系，同心协力建设美丽中国。

1.3　中国经济转型之路

1.3.1　经济发展思路的转变

1. 经济发展转型的必要性

中国共产党第十九次全国代表大会提出我国经济已由高速增长阶段转向高质量发展阶段，正处在转变发展方式、优化经济结构、转换增长动力的攻关期，建设现代化经济体系是跨越关口的迫切要求和我国发展的战略目标。转向高质量发展的本质含义就是我国经济已经从主要依靠增加物质资源消耗实现的粗放型高速增长，转变为主要依靠技术进步、改善管理和提高劳动者素质实现的经济新常态增长。对新常态的判断不宜仅仅着眼于经济增速，新常态是经济发展阶段的转移，是中国全面深化改革、从政府主导经济向现代市场经济转变、从中等收入经济体向发达经济体过渡的新的常态化发展路径（刘元春，2019）。

2. 经济新常态特征

2014 年 5 月习近平总书记在河南考察工作时首次提出"新常态"一词，强调推动经济持续健康发展要求的是尊重经济规律、有质量、有效益、可持续的速度，要求的是在不断转变经济发展方式、不断优化经济结构中实现增长。

经济新常态主要有三个特征：第一，从消费需求看，我国过去的消费特征是明显的模仿型排浪式的，而从 2014 年起，这样的消费模式就已经逐渐消失，个性化和多样化的消费成了主流，产品更追求质量安全和创新供给。第二，从投资需求看，在改革开放多年里高强度的开发建设对环境的过度消费后，传统产业已经相对饱和，但是基础设施的互联互通和新技术、新产品、新商业模式的投资机会大量涌现。第三，从宏观调控方面看，短期而言经济稳定是重点，但宏观调控政策的取向也出现了不同的特征和变化；长期来看，新常态下的"稳增长"应着重依靠改革开放、拓展经济增长空间得以实现（冷情，2019）。新常态下，以往的经济高速增长不再，速度变化并不是最重要的，更重要的是速度背后结构的变化、增长动力的变化。新常态的提出，适应当时我国经济领域的形势，适应新的经济增速。认识新常态、适应新常态、引领新常态，是当前和今后一个时期我国经济发展的大逻辑。

3. 经济新常态下我国经济的发展形势

经济新常态的基本特征是增长速度由高速向中高速转换；经济新常态的基本要求是发展方式从规模速度型粗放增长向质量效率型集约增长转换；在这样的经济新常态下，我国的经济发展会从非均衡型转向包容共享型的发展方式，消费需求逐步成为主体，城乡区域差距逐步缩小，居民收入占比上升，发展成果惠及更广大民众。经济新常态下我国经济的发展趋势主要有以下五个特征。

一是增长速度由高速向中高速转换。根据国家统计局公布的数据来看（图 1.6），2003～2007 年，我国经济连续五年保持两位数的高速增长，2008 年以后，经济增速逐渐放缓。随着我国消费需求由模仿型排浪式向个性化多样化特征转变、出口由单纯的低成本快速扩张向高水平引进来大规模走出去并重转变、生产要素相对优势由传统人口红利优势向人力资本质量和技术进步优势转变，经济增速出现回落趋势。

二是发展方式从规模速度型粗放增长向质量效率型集约增长转换。当前，市场竞争主要靠数量扩张和价格的无序竞争，但在这样的市场竞争下，投资和消费关系不匹配，收入分配差距较大、农业发展基础薄弱、城乡区域发展不协调、就业总量压力和结构性矛盾并存等问题仍然比较突出。所以在发展经济的同时，我们不应该只着眼于经济增长速度，而应该提高经济质量和效益、走向质量型差异化的市场竞争、推进绿色和可持续发展、更加注重保障和改善民生，实现经济发展方式向质量效率型集约增长型转变。

三是增长动力由要素驱动和投资驱动向创新驱动转换。过去 30 余年我国的发展道路是高投入、高消耗、高污染、低产出，但目前来看依靠要素驱动和投资驱动的经济高速增长模式已难以为继。在世界科技创新技术逐渐成熟、产业革命进一步推进的情况下，企业主动转型、创新意愿明显加强，我国经济增长的动力正逐步发生转换，逐渐转入创新驱动型的新常态经济。值得指出的是，随着第三次工业革命迎面而来，一些新技术、新产品、新业态、新商业模式的投资机会大量涌现，这些投资机会成为经济发展新的动力和增长点，为加快实现经济强国提供内在动力。

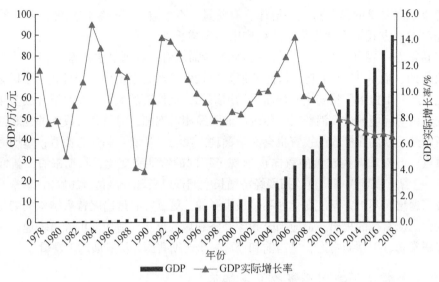

图 1.6 1978～2018 年中国 GDP 水平及年实际增速

四是产业结构由中低端水平向中高端水平转换。一直以来，我国的产业结构主要位于全球价值链的中低端，比较利益较低。2013 年，我国第三产业增加值占 GDP 比重达46.1%，首次超过第二产业。新兴产业、服务业、小微企业的地位逐渐强化，生产小型化、智能化、专业化逐步成为产业组织的基本特征，这些趋势性变化都是非常好的结构优化迹象。在经济新常态下，通过大力推动战略性新兴产业、先进制造业等产业的发展，优先发展生产性和生活性服务业，逐步化解产能过剩风险等举措，进一步提升我国产业在全球价值链中的地位。

五是经济福祉由非均衡型向包容共享型转换。这是经济新常态的发展结果。近年来，我国农村居民收入增速快于城镇居民，城乡收入差距缩小态势开始显现，居民收入占国民收入比重有所提高，收入分配制度改革取得新的进展。随着我国新型工业化、信息化、城镇化和农业现代化的协调推进，新农村建设城乡关系也出现新气象，城乡二元结构正加快向一元结构转型，以工促农、以城带乡、工农互惠、城乡一体的新型工农城乡关系正在加快形成。此外，区域增长格局与协调发展也在发生重大而可喜的变化，"一带一路"建设、京津冀协同发展、长江经济带等新的区域发展战略正在稳步推进中。新常态下，更加注重满足人民群众需要，更加关注低收入群众生活，更加注重协同发展，更加重视社会大局稳定，经济福祉逐步走向包容共享型，这将是长期趋势。

1.3.2 经济驱动引擎的转变

1. 转变经济驱动引擎

自中国共产党第十六次全国代表大会上，以胡锦涛同志为总书记的党中央提出了科学发展观这一重大战略思想以来，中央不断强调经济协调可持续发展的重要性。经济发展是建立在优化结构、提高质量和效益的基础上的发展，努力实现速度、结构、质量、效益相统一，走科技含量高、经济效益好、资源消耗低、环境污染少、人力资源优势得到充分发挥的新型工业化道路。在这一基调下，中国经济增长由主要依靠投资出口拉动转向依靠消费、投资、出口协同拉动，三大需求内部结构持续改善。

首先，内需贡献不断提升，消费日益成为经济增长的主动力。改革开放初期，我国经济总量小，需求结构很不稳定，三大需求贡献率波动幅度很大，客观上不利于经济稳定增长（图1.7）。随着对外开放拓展延伸，我国经济对外依存度不断上升，外贸依存度一度超过60%。同时，投资率偏高，消费率偏低。面对这种情况，国家坚持扩大内需，尤其是把扩大消费作为主要着力点，努力实现消费、投资、出口协调拉动经济增长。2011～2017年，最终消费支出对经济增长的平均贡献率达到56.8%，比资本形成总额高12.7个百分点。2017年，最终消费支出对GDP增长贡献率为53.6%，资本形成总额对GDP增长贡献率为44.4%。

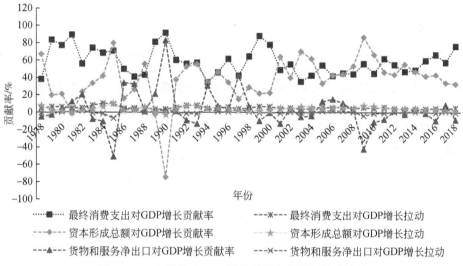

图1.7 三大需求对GDP增长贡献率和增长拉动情况

其次，消费结构持续升级，新兴消费发展壮大。随着我国经济发展水平不断提高，人民生活持续改善，从解决温饱到总体小康，正在向全面小康迈进。近年来，我国居民消费升级步伐加快，消费形态从基本生活型转向发展享受型，消费品质从中低端转向中高端，服务消费比重不断提高。2017年，全国居民恩格尔系数下降至29.3%；全国居民人均消费支出中，交通通信、教育文化娱乐和医疗保健支出占比分别为13.6%、11.4%和7.9%。2017年，全国居民每百户拥有的移动电话、计算机和家用汽车分别为240部、58.7台和29.7辆，比2013年增加36.8部、9.8台和12.8辆，新兴消费发展迅速。

再次，投资结构不断改善，投资关键性作用持续发挥。改革开放以来，投资不但在支撑经济社会发展中发挥了关键性作用，也对我国产业结构调整产生了重要影响。1995～

2017 年，第一产业投资年均增长 19.2%，第二产业投资年均增长 17.8%，第三产业投资年均增长 17.9%。近年来，供给侧结构性改革深入推进，投资对优化供给结构、提升供给质量支撑作用明显增强。2013～2017 年，高技术制造业投资年均增长 14.6%。2017 年，高技术制造业投资占全部制造业投资比重为 13.5%，比 2012 年提高 2.8 个百分点。2013～2017 年，工业技术改造投资年均增长 17%，高出同期工业投资 6 个百分点。2017 年，工业技改投资占工业投资比重为 44%，比 2012 年提高 11 个百分点。

最后，出口结构调整优化，贸易竞争力得到显著提升。出口商品结构从改革开放初期以初级产品为主转为以工业制成品为主（张秀广和刘晓君，2018）。出口总额中初级产品比重由 1980 年的 50.3% 下降到 2017 年的 5.2%，工业制成品比重由 49.7% 上升至 94.8%。贸易方式也呈现阶段性演变的态势。改革开放初期，两头在外、大进大出的加工贸易迅速增长。而近年来，随着我国比较优势的变化和产业实力的增强，一般贸易比重持续上升。2017 年，出口总额中一般贸易占比上升至 54.3%，加工贸易占比下降至 33.5%。截至 2017 年，我国贸易伙伴已达 231 个，贸易市场多元化格局逐步形成；在传统贸易市场继续巩固的同时，与东盟、印度、俄罗斯等新兴市场贸易往来也得到了快速发展，贸易占比显著提高。

2. 产业结构的不断优化与贯彻生产生活全过程的绿色发展理念

改革开放以来，我国坚持巩固第一产业、优化升级第二产业、积极发展第三产业。三次产业结构在调整中不断优化，农业基础地位更趋巩固，工业逐步迈向中高端，服务业逐步成长为国民经济第一大产业（图 1.8）。生态农业、绿色制造、绿色服务业的理念也逐渐深入生产全过程。

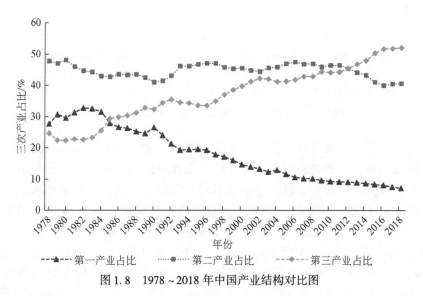

图 1.8　1978～2018 年中国产业结构对比图

改革开放初期，我国农业基础薄弱、工业结构失衡、服务业发展滞后。随着工业化进程不断推进，我国逐步形成了门类齐全、结构均衡的现代化工业体系，逐渐成为全球制造业第一大国。近年来，国家也实施了一系列加快服务业发展的重大政策举措，使服务业得以迅猛发展，增加值占比不断提高。1978~2018 年，第三产业增加值占国内生产总值的比重从 24.6% 升至 52.1%，提高 27.5 个百分点；第二产业增加值比重从 47.7% 降至 40.6%，下降 7.1 个百分点；第一产业增加值比重从 27.7% 降至 7.1%，下降 20.6 个百分点。2017 年，服务业对经济增长的贡献率为 58.8%，比 1978 年提高 30.4 个百分点。三次产业就业结构发生明显变化，服务业也对吸纳就业起了重要作用。2017 年末，第三产业就业占比为 44.9%，比 1978 年上升 32.7 个百分点；第二产业就业占比为 28.1%，上升 10.8 个百分点；第一产业就业占比为 27%，下降 43.5 个百分点。

农业基础地位更加巩固，由单一种植业为主的传统农业向农林牧渔业全面发展转变。改革开放初期，我国农业发展以种植业为主，产品种类单一。随着农业政策不断优化调整，农业综合生产能力稳步提高，现代农业体系得到初步建立和完善。农林牧渔业总产值中，农业比重由 1978 年的 80% 下降至 2017 年的 53.8%，林业、牧业和渔业比重分别由 3.4%、15% 和 1.6% 提高至 2017 年的 4.3%、26.4% 和 10.7%。农业现代化水平不断提高，2017 年农业科技进步率已超过 56%，全国农作物耕种收综合机械化率超过 66%，主要农作物良种覆盖率稳定在 96% 以上。

工业发展则向中高端迈进，门类齐全、独立完整、有较高技术水平的现代工业体系逐步建立。改革开放初期，我国工业以劳动密集型的一般加工制造为主，随着工业化快速发展，工业结构调整取得明显成效，逐步从结构简单到门类齐全、从劳动密集型工业主导向劳动资本技术密集型工业共同发展转变。近年来，在供给侧结构性改革和"中国制造 2025"等国家重大战略措施推动下，工业经济多个领域取得重大突破，工业发展质量提升，正朝着制造强国的目标迈进。2017 年，高技术制造业和装备制造业增加值占规模以上工业增加值的比重分别为 12.7% 和 32.7%，分别比 2005 年提高 0.9 和 4 个百分点。高铁、核电等重大装备竞争力居世界前列。在绿色制造方面，目前我国制造业依然没有完全摆脱高投入、高消耗、高排放的粗放式发展模式。为此，2015 年 5 月，国务院正式印发了"中国制造 2025"行动纲领，围绕创新驱动、质量为先、绿色发展等基本方针，提出了加快制造业转型升级和提质增效的紧迫任务，明确了提高制造业的核心竞争力和可持续发展能力。并提出要从源头开始根治工业污染问题，解决发展与资源环境的矛盾，实现绿色制造、绿色发展，加快构建由绿色产品、绿色工厂、绿色园区、绿色供应链和绿色企业等要素构成的绿色制造体系，以绿色制造推动由制造大国向制造强国的转变。

现代服务业、新兴服务业发展迅猛。在改革开放初期，服务业发展相对滞后，主要以批发零售、交通运输等传统服务业为主。但随着经济发展和人民生活水平提高，生产性和生活性服务需求快速增长，我国现代服务业蓬勃兴起，发展势头迅猛。特别是近年来形成了一批各具特色、业态多样、功能完善的新兴服务业集聚区和产业集群。2016~2017 年，规模以上战略性新兴服务业营业收入年均增长 16.2%。特别是近年来顺应居民消费升级的大趋势，旅游、文化、健康、养老等幸福产业发展迅速。2017 年，国内旅游人数和旅游收入分别达到 50 亿人次和 45 661 亿元，较 1994 年分别增长了 8.5 倍和 43.6 倍。

1.3.3 资源节约型和环境友好型社会的建设

1. 生态文明建设

中国共产党第十八次全国代表大会报告中指出，要重点抓好四个方面的工作：一是要优化国土空间的开发格局；二是要全面促进资源节约；三是要加大自然生态系统和环境保护力度；四是要加强生态文明制度建设。2017 年，中国在环境污染治理方面投资总额突破 9500 亿元人民币，较 2000 年增长 8.4 倍；其中，城市环境基础设施投资和城市园林绿化建设投资额均有大幅度增长，分别突破 6080 亿元和 2390 亿元人民币（图 1.9）。面对资源约束趋紧、环境污染严重、生态系统退化的严峻形势，把生态文明建设放在突出地位，融入经济建设、政治建设、文化建设、社会建设各方面和全过程。

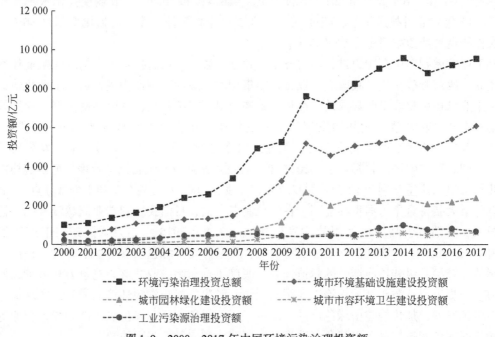

图 1.9　2000～2017 年中国环境污染治理投资额

优化国土空间开发格局。国土是生态文明建设的空间载体，必须珍惜每一寸国土。按照人口资源环境相均衡、经济社会生态效益相统一的原则，控制开发强度，调整空间结构，促进生产空间集约高效。加快实施主体功能区战略，推动各地区严格按照主体功能定位发展，构建科学合理的城市化格局、农业发展格局、生态安全格局。提高海洋资源开发能力，发展海洋经济，保护海洋生态环境，坚决维护国家海洋权益，建设海洋强国。

全面促进资源节约。节约资源是保护生态环境的根本之策。节约集约利用资源，推动资源利用方式根本转变，加强全过程节约管理，大幅降低能源、水、土地消耗强度，提高利用效率和效益。推动能源生产和消费革命,控制能源消费总量,加强节能降耗,支持节能低碳产业和新能源、可再生能源发展,确保国家能源安全。加强水源地保护和用水总量管理,推进水循环利用,建设节水型社会。严守耕地保护红线,严格土地用途管制。加强矿产资源勘查、保护、合理开发。发展循环经济,促进生产、流通、消费过程的减量化、再利用、资源化。

加大自然生态系统和环境保护力度。良好的生态环境是人和社会持续发展的基础。实施重大生态修复工程,增强生态产品生产能力,推进荒漠化、石漠化、水土流失综合治理,扩大森林、湖泊、湿地面积,保护生物多样性;加快水利建设,增强城乡防洪抗旱排涝能力;加强防灾减灾体系建设,提高气象、地质、地震灾害防御能力。坚持预防为主、综合治理,以解决损害群众健康突出环境问题为重点,强化水、大气、土壤等污染防治。坚持共同但有区别的责任原则、公平原则、各自能力原则,同国际社会一道积极应对全球气候变化。

加强生态文明制度建设。保护生态环境必须依靠制度。把资源消耗、环境损害、生态效益纳入经济社会发展评价体系,建立体现生态文明要求的目标体系、考核办法、奖惩机制。建立国土空间开发保护制度,完善最严格的耕地保护制度、水资源管理制度、环境保护制度。深化资源性产品价格和税费改革,建立反映市场供求和资源稀缺程度、体现生态价值和代际补偿的资源有偿使用制度和生态补偿制度。

2. 推动资源节约型和环境友好型社会建设的重要性

资源和环境是经济社会可持续发展的物质基础和保障,也是经济发展的重要支撑。我国资源相对不足,人均占有量低,粗放型的增长方式造成了过量消耗资源,生态环境也受到严重污染。资源、环境问题与经济社会发展间矛盾极大限制着我国经济社会的发展。为促进经济社会平稳较快持续发展,建设资源节约型、环境友好型社会,提高资源利用效率,保护和合理利用资源,并促进人与自然和谐相处,保护环境和生态。

推动建设资源节约型和环境友好型的社会,既是推进社会主义和谐社会建设的重要内容,也是全面贯彻落实科学发展观的必然要求。人与自然和谐相处是社会主义和谐社会的基本特征之一。建设资源节约型、环境友好型社会要求经济发展与人口、资源、环境相协调,促进人与自然和谐相处,在节约资源、保护环境的前提下实现经济可持续的较快发展。这也正是贯彻落实科学发展观的内容。

同时,推动资源节约型和环境友好型社会建设有利于降低成本,并提高经济效益和国际竞争力。高消耗、利用率低的生产模式,大大影响了我国企业和产业的国际竞争力。建设资源节约型、环境友好型社会,提高资源的利用效率,发展循环经济,推行清洁生产,保护环境和生态,能够降低生产成本,提高经济效益和国际竞争力。

推动资源节约型和环境友好型社会的建设也是保障国家安全和提高我国综合国力的重要举措。解决我国建设需要的资源问题,需要我们自力更生,立足点需放在国内。建设资源节约型、环境友好型社会,能够控制和降低对国外资源的依赖程度,提高我国的综合国力,并确保国家经济安全和国家安全。

1.3.4　科技创新的推动

　　长期以来，我国的经济发展走的是一条相对高投入、低产出的道路，科技含量不足，主要依靠廉价劳动力和自然资源的大量开采。这种粗放型的发展道路带来了很多严重的问题，如资源紧缺、环境污染、发展方向片面等。在种种压力和挑战之下，中国必将转变经济社会发展模式，转向科技创新驱动发展的道路，实现经济全面、协调、可持续的发展。

　　科技创新是一个包括科学创新、技术发明和技术创新的三维结构系统，其实质是知识创新和技术创新。"可持续发展"是既满足当代人的各种需要，又保护生态环境，不对后代人的生存和发展构成危害的发展。它特别关注的是各种经济活动的生态合理性，强调对环境有利的经济活动应给予鼓励。在发展指标上，不单纯用国内生产总值（GDP）作为衡量发展的唯一指标，而是用社会、经济、文化、环境、生活等多项指标来衡量发展。从科技创新和可持续发展的内涵上可以看出，科技创新是可持续发展的重要保证，而可持续发展的目标为科技创新的方向提供了指引作用。在当今世界，科技创新与可持续发展的联系显得尤为紧密。

　　中国科学院在《2002年中国可持续发展战略报告》中将可持续发展能力定量判别为六个平衡，即人与自然、环境与发展、经济效率与社会公平、开发创新与保护继承、物质生产与精神富足、自由竞争与整体规范的平衡。由此可见，科技创新是可持续发展的重要部分，而科技的创新本身也需要有可持续发展的理念。

　　科技创新与可持续发展也是相互独立、相互矛盾的。虽然"科学技术是第一生产力"，但科技创新也是一把"双刃剑"。科技创新在促进社会发展的同时，也会引发环境问题、资源短缺问题，不利于长期的发展。20世纪二三十年代以来，人们不合理地利用科学技术，过度开采和利用自然资源，生态平衡遭到了严重破坏，出现了环境、资源危机等。然而，六七十年代兴起的高科技浪潮又反过来开始治理这些人类造成的危机。从现实来看，通过科技进步与创新推动协调的可持续发展，对我国经济的和谐发展至关重要。可持续发展的本身是社会的进步，它由科技的不断创新所推动。社会进步不仅给科技创新提供了物质基础，同时也对其提出了更高的要求。因此，人类在利用科技发展的成果谋福利的同时，还应该将其负面效应控制到最低点。为此，应该发展安全科技，即不污染自然环境、不破坏生态平衡的科技，如风能、太阳能、潮汐能技术等。从图1.10中可以看出我国能源消费逐渐从煤炭等化石能源转向更环保的非化石能源上。

　　在依靠科技创新推动可持续发展的道路上，遵循以下几个原则：其一，坚持科学与创新的统一，实行科学决策。首先完善政府的决策，科学地进行发展战略调整、保障科技投入、社会资源的配置等。其二，正确处理科技与经济的关系，坚持建设小康社会科技先行，加大科技投入。同时，采取措施，充分调动企业和科研人员的积极性，使他们自觉地加大科研投入，真正成为科技创新的主体。其三，正确处理速度与效益的关系，实现跨越发展。"发展才是硬道理"，但发展应遵循经济规律，离开经济规律来谈可持续发展显然是苍白无力的，而忽视可持续发展的经济战略必然是短见的。科技创新着眼未来，引领社

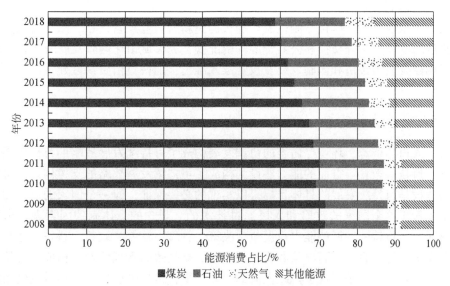

图 1.10 2008~2018 年中国能源消费结构

会，具有超前意识。科技作为社会公共事业，是值得全社会关心和参与的事业。

科技创新为探索未知世界、认识发现真理和为解决人类所面临的各种问题提供了科学依据和技术支撑，承担着可持续发展的历史使命。科技创新追求的目标最终着眼于人类社会的可持续发展。抓住了科技创新，就是抓住了中国发展的关键，就是抓住了中国发展的根本，就是抓住了中国发展的未来。

1.3.5 体制改革的深化及对外开放和合作的扩大

1. 深化经济体制改革

深化经济体制改革是全面深化改革的重点。其核心在于正确处理政府和市场的关系，使市场在资源配置中起决定性作用和更好发挥政府的作用，并大力推进行政审批制度改革。其主要任务如下。

一是坚持完善基本经济制度。关键是两个"毫不动摇"：毫不动摇巩固和发展公有制经济；毫不动摇鼓励、支持、引导非公有制经济发展。完善产权保护制度。积极发展混合所有制经济，实行三个"允许"的政策，更好体现"国有企业属于全民所有"的性质，推动国有企业完善现代企业制度，支持非公有制经济健康发展，实行三个"鼓励"政策。

二是加快完善现代市场体系。现代市场体系的特征和要求是企业自主经营，公平竞争，消费者自由选择，自主消费，商品和要素自由流动、平等交换。建立公平、开放、透明的市场规则，实行统一的市场准入制度，非禁即可进入，实行负面清单。完善主要由市场决定价格的机制，严格限定政府定价范围。建立城乡统一的建设用地市场，保障被征地农民的权利。完善金融市场体系，允许具备条件的民间资本办金融机构，建立存款保险制度，深化科技体制改革。

三是健全城乡发展一体化体制机制。加快构建新型农业经营体系，赋予农民更多财产权利，推进城乡要素平等交换和公共资源均衡配置，完善城镇化健康发展的体制机制。

四是构建开放型经济和体制。放宽投资准入准出，加快自由贸易区建设，扩大内陆沿边开放。

2. 深化行政体制改革

经济、人口、资源、环境等内容的协调发展构成了可持续发展战略的目标体系，而管理、法制、科技、教育等方面的能力建设则构成了可持续发展战略的支撑体系。可持续发展的能力建设是可持续发展的具体目标得以实现的必要保证，即一个国家的可持续发展很大程度上依赖于这个国家的政府和人民通过技术的、观念的、体制的因素表现出来的能力。具体而言，可持续发展的能力建设包括决策、管理、法制、政策、科技、教育、人力资源、公众参与等内容。提高决策和管理能力，建立高效的管理体制，构成了可持续发展能力建设的重要内容，是实现可持续发展的重要保障，是鼓励创新、推动科技创新的重要动力，是落实科教兴国战略的有力措施，是公民积极平等参与国家社会事务管理的重要保证。

地方行政管理体制的存在，为生态经济基本矛盾作用的发挥提供了必要条件，也是造成我国自然资源浪费和生态环境破坏的重要原因。由于生态经济基本矛盾的作用，各地区在经济利益的驱使下，加强了对公共性生态环境和自然资源的掠夺式开发，从而加剧了自然资源的浪费和生态环境的破坏。与此同时，地方经济造成市场经济的分割，阻碍了资源的合理流动，并滋生了腐败。此外，地方经济的发展必然导致中央政府调控能力的下降，使自然资源的浪费和生态环境的破坏现象难以得到有效遏制，也使区域之间、阶层之间、城乡之间的分配关系难以得到有效调节，重复建设现象得不到有效制止，许多有悖于经济可持续发展的行为屡禁不止。

历史经验与现实问题告诉我们，许多环境与发展不协调的问题都是由决策、管理不当造成的。实现可持续发展，必须有一个合理、高效的管理体系。这样的管理体系要求我们培养高素质的决策人员与管理人员，综合运用规划、法制、行政、经济等各种手段，建立和完善可持续发展的组织结构，并形成综合决策与协调管理的机制。目前，我国决策和协调管理的问题主要体现于行政管理层面。行政干预、行政滞后、职能错位等问题，正严重制约着经济的持续发展。因此，为实现经济与社会全面、协调、可持续的发展，深化行政管理体制改革仍然是未来一段时期党和国家的重要任务。

参 考 文 献

郭克莎. 1994. 中国所有制结构变动与资源总配置效应. 经济研究, (7): 3-13.

金碚. 2008. 中国工业改革开放 30 年. 中国工业经济, (11): 5-12.

冷倩. 2019. 论中国的经济新常态. 时代经贸, (1): 87-88.

李善同, 翟凡, 徐林. 2000. 中国加入世界贸易组织对中国经济的影响——动态一般均衡分析. 世界经济, (2): 3-14.

刘元春. 2019-01-14. 中国经济新常态新阶段的关键期. 中国经济时报，(005).

卢锋，李昕，李双双，等. 2015. 为什么是中国？——"一带一路"的经济逻辑. 国际经济评论，(3)：4，9-34.

彭劼，盛梅，张军. 2015. 中国走出去战略评估. 中国金融，(19)：97-99.

邵帅，李欣，曹建华，等. 2016. 中国雾霾污染治理的经济政策选择——基于空间溢出效应的视角. 经济研究，51（9）：73-88.

宋妍，张明. 2018. 公众认知与环境治理：中国实现绿色发展的路径探析. 中国人口·资源与环境，28（8）：161-168.

陶建格. 2012. 中国环境固体废弃物污染现状与治理研究. 环境科学与管理，37（11）：1-5，31.

张秀广，刘晓君. 2018. 环境规制对区域产业结构优化调整的影响研究. 技术经济与管理研究，(11)：124-128.

第 2 章   环境库兹涅茨曲线的内涵及理论解释

2.1   环境库兹涅茨曲线的内涵

2.1.1   环境库兹涅茨曲线的提出

自人类开始经济活动以来，尤其是工业革命之后，资源和环境问题越来越受到关注。马尔萨斯人口论提出后，有限的自然资源对经济增长的限制作用日益受到重视并被得以讨论（Romer and Chow, 1996）。关于"增长极限"的讨论一直延续至今，1972 年罗马俱乐部的著名报告《增长的极限》是这派观点的一个顶峰。增长极限论认为土地、化石能源、重要矿产等人类发展必需的自然资源都是有限的并终将枯竭，因此人类的经济增长受自然资源的限制存在极限。当然，自然资源短期对经济增长限制的观点也受到了一些学者的挑战，尤其是发展经济学家认为这一观点忽略了技术进步的重要作用［参见 Nordhaus 等（1992）的批判性文章］。除此之外，受 20 世纪以来西方工业化国家环境污染加剧、环境事件多发的影响，一些学者开始把关注点放在了自然环境上。一方面，环境作为一系列重要的生产原料（如化石能源和矿产资源、清洁的空气和水等）的来源，为人类的生存和发展提供了支撑，体现了自然对人类的"服务"。另一方面，自然环境客观上作为人类经济活动非合意产出（如污染、排泄等）的"污水槽"，吸收并降解有害的空气、水和固体污染物，是数量庞大的各类垃圾和有毒化学物质的最后归宿和储存库。虽然自然有强大的"自我净化"能力，可以不断消解大量有害废弃物和污染，然而这一"自净"能力不是无限的。一旦废弃物排放量超过环境降解或吸收的能力时，环境质量将会下降，自然环境提供生产资料的能力会受到削弱，从而威胁经济增长。此外，政府应对环境恶化的政策（如限制企业排污、对企业和居民产生的污染征税等）也可能会制约经济增长。

正如 Brock 和 Taylor（2005）指出的，经济增长与环境质量之间的关系过去是、现在是、未来也将一直是富有争议的。一类观点重点关注当下日益严重的环境问题。这一观点认为，全新污染问题和极端气候的出现，应对全球变暖进展缓慢，部分第三世界国家的人口不受控制地持续上升，诸如此类的一系列环境现象和问题都表明人类是一种目光短浅和贪婪的物种并终将导致自我毁灭。另一类观点则是谨慎乐观的。以历史视角来看，随着人均 GDP 的不断增加，提供基本公共卫生保障和改善城市空气质量方面，人类（特别是西方发达国家和部分发展中国家）已经取得了巨大进步。他们也预期通过技术进步可以实现总体环境状况的持续改善。总的来说，这一观点着眼于人类生活水平不断提高的长期历史，尽管这种提高有时并不稳定（经济增长存在短期波动）。环境库兹涅茨曲线（EKC）的提出，正是为了厘清环境质量和经济增长长期关系和互动机理，以解决环境与经济这对"欢喜冤家"如何相互影响的长期争论。EKC 曲线重点关注三个问题：①经济增长与环境之间的关系是什么？②经济增长与环境质量关系受哪些因素的影响？③我们可以采取哪些措施使得经济增长不受资源有限和环境恶化的制约？

经济发展与环境质量之间关系的定量研究始于 Grossman 和 Krueger（1991）。针对一些环保人士担心北美自由贸易协定（NAFTA）带来的经济增长可能会损害墨西哥的环境（Daly，1993），Grossman 和 Krueger（1991）在定量分析 NAFTA 可能给环境带来潜在影响的研究中，发现经济发展对环境产生的两种正效应——技术进步效应和结构效应，以及一种负效应——规模效应会导致环境污染与经济增长之间呈先增加后减少的倒 U 形曲线关系。此外，他们也对全球许多城市的人均收入与环境污染水平之间的关系进行了实证分析。这一研究发现，当一个国家达到墨西哥当年人均收入的水平时，各种污染物的浓度将达到顶峰。由于这一倒 U 形关系与 Kuznets（1955）提出的收入不均等程度随着经济增长先加剧后减弱的倒 U 形关系的"库兹涅茨曲线"形状相似，Panayotou（1993）便借用"库兹涅茨曲线"之名将环境与人均收入间的这种类似的非线性关系定义为"环境库兹涅茨曲线"，该假说亦被称之为 EKC 曲线假说。如图 2.1 所示，EKC 曲线描述了这样一种环境质量与经济发展的非线性关系：随着经济发展，环境污染首先会不断增加，环境质量不断下降；在经济增长到某个阶段时，环境污染到达顶峰，环境恶化程度达到顶点（即"拐点"）；在此之后，随着经济继续发展，环境污染将不断下降，环境质量得到持续改善。

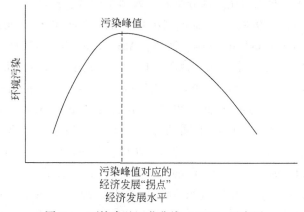

图 2.1　环境库兹涅茨曲线（EKC）示意图

EKC 曲线假说的提出产生了深远和重大的影响。EKC 曲线说明环境质量会随着经济增长在初期不可避免地恶化，达到峰值后又会逐渐改善，因此其潜在含义是只要维持经济增长，环境质量终将改善。换言之，可持续增长是随着经济发展而必然出现的。World Bank（1992）在其世界发展报告（World Development Report，WDR）中着力介绍了当时刚刚诞生的 EKC 假说，宣称"经济规模的扩张将不可避免地损害生态环境——这一观点是基于技术、偏好和环境投资的静态假设。"以及"随着收入的增加，环境质量改善的需求将提升，与此同时可用于改善环境的环保投资的资源也不断增加"。Beckerman（1992）通过对发达国家和发展中国家数据的整理和分析，更进一步地认为，尽管早期阶段的经济增长通常会导致环境退化，但通过经济发展富裕起来是大多数国家实现环境质量改善的唯一和终结手段。

然而，同任何其他学术观点一样，EKC 曲线假说也同样承受了各种质疑和批判。例如，在一项早期研究中，Arrow 等（1995）从理论高度批评了"经济发展会自动带来环境改善"的乐观论点。因为这一观点有一个重要的隐含假设：环境恶化不会有效地减少经济活动，更不会使经济增长过程停止。换句话说，假设经济增长是可持续的。然而，这一重要隐含假设是否成立是高度存疑的，因为环境质量对经济发展很可能有着潜在的反向作用机制。本书第 7 章对于环境质量如何影响经济表现的"负反馈"机制进行了详尽说明。根据一系列重要综述性文章的总结（Stern，2004，2017；Dinda，2004；Gill et al.，2018），迄今为止，对 EKC 曲线的批判主要集中在假说本身缺乏理论支撑、实证检验结果不稳定、实证方法不科学不合理导致结果不可信等方面。本章后续部分将对这几个方面分别进行说明和讨论。

2.1.2 国外研究进展

EKC 曲线假说自诞生后即成为研究经济增长与环境关系的基础理论，各国的经济学者和环境学者用不同的数据来检验其存在性。自 20 世纪 90 年代以来，实证检验 EKC 曲线的研究呈快速增长的态势。纵观以往研究，近年来有关 EKC 曲线的研究结论大致可分为两类。

一类结论证明 EKC 曲线存在。部分学者采取多个国家、地区（Grossman and Krueger，1995；Hill and Magnani，1998；Magnani，2001；Galeotti et al.，2006；Maddison，2006；Jobert et al.，2014；Liddle and Messinis，2015；Azam and Khan，2016；Pablo- Romero and Sánchez-Braza，2017）或某一个国家、地区（List and Gallet，1999；Haisheng et al.，2005；Plassmann and Khanna，2006；Ang，2007；Halicioglu，2009；Fodha and Zaghdoud，2010；Jalil and Feridun，2011；Alam et al.，2012；Alkhathlan and Javid，2013；Lee and Oh，2015）的数据作为研究样本，应用不同的方法，如一般最小二乘即 OLS（Dinda et al.，2000；Pao and Tsai，2011；Liao and Cao，2013；Osabuohien et al.，2014）、FMOLS（Payne，2009；Hamit-Haggar，2012；Ozcan，2013；Farhani et al.，2014；Cho et al.，2014；Farhani and Shahbaz，2014）、DOLS（Farhaniet et al.，2014；Farhani and Shahbaz，2014；Osabuohien et al.，2014）、固定效应和随机效应（Grossman and Krueger，1991；Shafik and Bandyopadhyay，1992；Selden and Song，1994；Cole et al.，1997；List and Gallet，1999；Haisheng et al.，2005；Azlina and Mustapha，2012；Jayanthakumaran and Liu，2012）、动态面板（Tamazian and Rao，2010；Hossain，2011；Shafiei and Salim，2014）、VECM（Barbier，1994；Day and Grafton，2003；Ang，2007；Apergis et al.，2010；Jalil and Feridun，2011；Hamit- Haggar，2012；Akpan and Akpan，2012；Tiwari et al.，2013；Lau et al.，2014）、ARDL（Halicioglu，2009；Iwata et al.，2010；Jalil and Feridun，2011；Saboori et al.，2012；Alam et al.，2012；Baek and Kim，2013；Alkhathlan and Javid，2013；Ozturk and Acaravci，2013；Farhani et al.，2014）和空间计量（Maddison，2006；Hao and Liu，2016；Hao et al.，2016）等计量经济学的方法实证检验了经济发展与环境质量之间的关系，其结论均表明二者呈现倒 U 形关系。其中，Grossman 和 Krueger（1995）采取全球环境监测系统（GEMS）的数据以及广义最小二乘（GLS）方法证实了人均 GDP 与当地环境污染之间呈现倒 U 形曲线，并指出环境污染水平并不会自动越过 EKC 曲线的峰值。如果采取适当的政策，在经济快速增长的同时可以保持相对较低的污染，甚至改善污染，实现污染减量式和生态友好型的经济发展。Galeotti 等（2006）以国际能源署（IEA）提供的数据为样本，对 EKC 曲线在不同参数设定下的稳健性进行了检验，发现无论采用何种数据集，都有实证证据表明经济合作与发展组织（OECD）国家的 EKC 曲线具有合理的"转折点"。Maddison（2006）采用空间计量方法对 136 个国家经济发展与环境污染之间的关系进行研究，发现空气污染具有空间依赖的现象，且 EKC 曲线关系通过空间权重矩阵被进一步加强。Hao 等（2016）利用 1995 年至 2012 年中国 29 个省份的面板数据，研究中国人均煤炭消耗的 EKC 曲线的存在。估算结果表明人均煤炭消费与人均 GDP 之间存在倒 U 形 EKC 曲线关系。此外，当空间效应得到充分考虑时，人均 GDP 与人均煤炭消费峰值相对应的人均 GDP 估计值会更高。在污染物的种类上，相关研究还发现经济发展与环境污染的倒 U 形关系不仅表现在其与废气、废水和固体废弃物（Cole，2004；Tao et al.，2008；Diao et al.，2009）等常规污染物上，而且在二氧化碳（Galeotti et al.，2006；Azam and Khan，2016）和 $PM_{2.5}$（Wu et al.，2018）上均有所体现。Diao 等（2009）以中国嘉兴的六种污染物（工业废水、工业废气、硫氧化物、烟尘、工业粉尘、工业固体废物）为例对 EKC 曲线进行了检验，发现经济发现与环境污染的倒 U 形关系是存在的，但不同污染物相对应的拐点不同。Hao 和 Liu（2016）根据 2013 年中国 73 个城市的 $PM_{2.5}$ 浓度和空气质量指数数据，采用空间滞后模型（SLM）和空间误差模型（SEM）实证研究了中国城市 $PM_{2.5}$ 浓度的社会经济影响因素，结果表明 $PM_{2.5}$ 浓度与人均 GDP 之间的关系呈显著的倒 U 形，中国存在倒 U 形 EKC 曲线。Azam 和 Khan（2016）采用 1975～2014 年的年度时间序列数据实证研究了人均收入与二氧化碳之间的关系，发现 EKC 曲线存在于低收入和中低收入国家中。此外，现有的实证证据表明，EKC 曲张不仅存在于美国（Plassmann and Khanna，2006）、加拿大（Hamit-Haggar，2012）、法国（Iwata et al.，2010）、澳大利亚（Galeotti et al.，2006）以及新加坡（Katircioğlu，2014）等发达国家，还出现在发展中国家，如中国（Haisheng et al.，2005）、印度（Ghosh，2010）、巴基斯坦（Nasir and Rehman，2011）和马来西亚（Saboori et al.，2012）等。然而，由于不同国家或地区的资源禀赋和经济发展水平各异，EKC 曲线能否出现，还要依赖于政策制定者对环境治理所持有的态度（Grossman and Krueger，1995）和收入分配状况（Magnani，2001）等。

另一类结论则证明 EKC 曲线并不存在（Torras and Boyce，1998；Agras and Chapman，2001；Day and Grafton，2003；Akbostancl et al.，2009；Ozturk and Acaravci，2010；Pao and Tsai，2011；Du et al.，2012；Giovanis，2013；Bölük and Mert，2014；Wang and Ye，2017），而这种不存在通常表现为经济发展与环境污染之间不存在关系（Richmond and Kaufmann，2006）或存在单向因果关系（Shafik，1994；Holtz-Eakin and Selden，1995；De

Bruyn et al.，1998；Pao and Tsai，2010）、"U 形曲线"（Dietz et al.，2012）或 "N 形曲线"（Hill and Magnani，2002；Friedl and Getzner，2003；Onafowora and Owoye，2014）关系等。例如，Richmond 和 Kaufmann（2006）的研究表明，能源价格和燃料份额与碳排放之间不存在关系，EKC 曲线在 OECD 国家不存在。Pao 和 Tsai（2010）研究了 1971 年至 2005 年金砖国家的污染物排放、能源消耗和产出之间的动态因果关系，结果表明能源消费与碳排放存在长期双向因果关系以及短期单向因果关系。Dietz 等（2012）使用 58 个国家的面板数据，得出人均国内生产总值与人类福祉（EIWB）之间的关系是 U 形，与传统 EKC 曲线相反。Onafowora 和 Owoye（2014）考察了巴西、中国、埃及、日本、墨西哥、尼日利亚、韩国以及南非等国家的经济发展与二氧化碳（CO_2）排放之间的关系，估计结果表明倒 U 形的 EKC 曲线仅存在于日本和韩国，而在其他 6 个国家 CO_2 排放与经济增长之间的长期关系遵循 N 形轨迹。

2.1.3 国内文献综述

纵观国内学者对经济发展与环境治理的研究，已从过去单纯的理论政策研究到以 EKC 曲线为主的定量化研究，从简单的时间序列研究到面板数据研究，从单方程研究转变到联立方程研究。最早对环境污染问题的定量化研究始于 1995 年，随后大量学者开始了以 EKC 曲线模型为理论基础的实证研究，极大丰富了 EKC 曲线理论在中国的研究成果。

具体而言，部分学者认为经济发展与环境质量呈现倒 U 形关系。杨先明和黄宁（2004）、黄铮等（2006）的研究发现，中国的 EKC 曲线趋向于倒 U 形，正处于曲线的左边部分，即经济增长会加剧环境污染程度，且不同经济增长方式将会导致其曲线的峰值处于不同的位置。胡明秀等（2005）认为，武汉市的固体废弃物污染水平仍处于 EKC 曲线的左边，而废气、废水曲线已经开始或者已经超过转折点，武汉市环境开始向良性化方向转变。此外，相关研究以不同环境污染物的 EKC 曲线模型，如工业废水、工业固体废物、烟粉尘、NO_2 和 SO_2、PM_{10} 等，均证实了经济增长与环境污染之间倒 U 形关系在中国的存在。其中，李斌和李拓（2014）基于对传统 EKC 曲线的扩展，利用 2000 ~ 2011 年中国省域面板数据构建系统 GMM 模型与门限模型，研究中国及区域空气污染库兹涅茨曲线的存在性及其影响因素。结果表明，经济发展与烟粉尘之间存在倒 U 形的空气污染库兹涅茨曲线。郭军华（2010）、毛晖和汪莉（2013）、陈向阳（2015）对中国经济增长与工业污染之间的关系进行实证研究，发现 SO_2、工业废水排放量、工业固体废弃物生产量的 EKC 曲线为倒 U 形。王敏和黄滢（2015）利用中国 112 座城市 2003 ~ 2010 年 NO_2 和 SO_2 大气污染浓度数据，得出经济增长与所有的大气污染浓度指标都呈现倒 U 形关系。韩贵锋等（2007）以重庆市为例，验证 EKC 曲线在高程上是否存在。研究结果发现，TSP 和 NO_x 分别与人均 GDP 之间呈较稳定的倒 U 形关系，受人口密度和高程影响较大。同时，部分研究亦表明，中国的东部地区（许广月和宋德勇，2010；冯烽和叶阿忠，2013；李斌和李拓，2014）、中部地区（许广月和宋德勇，2010）、"东北—渤海湾" 以及西部地区（李斌和李拓，2014）均存在 EKC 曲线。

相较而言，部分学者认为 EKC 曲线在中国不存在，且中国总体的 EKC 曲线形式在不同时间段内用不同指标来表征环境变量时得到的结果不尽相同，有线性、U 形、N 形、倒 N 形等，且东部、中部、西部区域的回归结果也具有空间差异性（郭军华，2010；赵文昌，2012；杨林和高宏霞，2012；毛晖和汪莉，2013；安虎森等，2014；邓晓兰等，2014；施锦芳和吴学艳，2017）。例如，郭军华（2010）利用 1991~2007 年中国省际面板数据研究了经济增长与环境污染的长期均衡关系，发现工业废水排放量随经济增长而逐渐减少，而工业废气排放量与经济增长无关，就工业废水与工业废气而言 EKC 曲线并不存在。杨林和高宏霞（2012）以中国 2001~2010 年的数据为研究样本，并构建了综合污染指数（CPI）环境和经济增长的关系进行实证研究，结果发现在不考虑污染物处理因素的条件下经济发展与环境污染之间是线性的。考虑到环境污染之间可能存在空间依赖性，安虎森等（2014）通过检验建立面板空间误差模型，分别以二氧化硫排放量、烟（粉）尘排放量、废水排放总量和固体废物产生量衡量环境污染程度，对中国 EKC 曲线进行了实证检验，结果发现经济发展与环境污染之间呈现倒 N 形，且污染排放量随地区经济发展的提高而下降。邓晓兰等（2014）运用半参数广义可加模型，并利用中国 1995~2010 年省际面板数据对 EKC 曲线假说进行检验。研究发现，无论是在整体上还是在区域差异上，碳排放随经济发展呈现单调递增的状态，且煤炭丰富地区的这种特征更显著。值得注意的是，相关学者对比了中国与其他国家的 EKC 曲线。施锦芳和吴学艳（2017）通过对比中国与日本的经济发展与碳排放数据，研究发现中国的 EKC 曲线呈倒 N 形，存在拐点；而日本的 EKC 曲线呈 N 形，也存在拐点。

2.2 环境库兹涅茨曲线的绿色索洛模型

由于环境库兹涅茨曲线（EKC）是以实证假说的形式提出的，因此正如 Stern（2004，2017）和 Dinda（2004）等一系列影响较大的综述类文章所总结的，迄今为止绝大多数文献都是从实证角度，利用不同的实证方法和数据来测算 EKC 曲线的存在性。对 EKC 曲线的存在性缺乏严格的理论解释也是早期 EKC 曲线研究的一个主要问题。自 21 世纪开始，已经有很多学者尝试使用较为严格的数理建模的方法对 EKC 曲线进行建模（Lieb，2002；Copeland and Taylor，2004；Brock and Taylor，2010；López and Yoon，2014；Figueroa and Pastén，2015）。[①] 然而，由于每个理论模型都基于 EKC 曲线成因的某一个或几个方面进行分析，目前尚未有哪一个理论模型是得到了学界公认最"完美"的。鉴于此，本节主要介绍 Brock 和 Taylor（2010）基于传统索洛模型基础上构建的"绿色索洛模型"（Green Solow Model，GSM）。该模型的数学推导相对简单，并且考虑了减排成本和污染排放强度不断下降等现实数据特征，因此便于进行理论拓展和实证检验。

GSM 的主要假设：污染排放是生产过程中的副产品（亦即将污染作为一种非期望产出），最终产出中有一部分用于污染防控以减少排放，且减排技术同最终产出的生产技术

---

① 对于早期 EKC 曲线理论建模论文的综述，可以参考 Lieb（2003）、Kijima 等（2010）以及 Pasten 和 Figueroa（2012）

一样以一个外生的给定的速度增长。此外，GSM 继承了传统索洛增长模型（Solow，1956）的一系列假设，如生产函数满足稻田条件（Inada Conditions）、储蓄率外生给定等。

GSM 的主要设定如下。

$$Y_G = F(K, BL) \tag{2.1}$$

$$\dot{K} = I - \delta K \tag{2.2}$$

$$\dot{L} = nL \tag{2.3}$$

$$\dot{B} = g_B B \tag{2.4}$$

$$Y = (1 - \theta) Y_G \tag{2.5}$$

$$E = \Omega a(\theta) Y_G \tag{2.6}$$

$$I = s Y_G \tag{2.7}$$

$$\dot{\Omega} = - g_A \Omega \tag{2.8}$$

式中，Y_G 为总产出水平；K、L 和 B 分别为资本存量、劳动力数量和劳动的有效性；I 为总投资；s 和 δ 分别为储蓄率、折旧率，s 和 δ 的水平都是外生给定的；$\dot{K}$、$\dot{L}$ 和 $\dot{B}$ 分别为资本存量、劳动力数量和劳有效性随时间的变化率；g_B 为劳动有效性（亦即用于生产的技术水平）的增长率；n 为外生的人口增长率；E 为污染排放总量；θ 为总产出中用于减排的那部分比重；$a(\theta)$ 为一个强度减排函数，反映了减排投入比例 θ 是如何影响污染排放强度的，因而在没有任何减排投入时排放强度不会凭空下降，因而 $a(0) = 1$。Brock 和 Taylor（2010）进一步假设 $a(\theta)$ 是一个凹函数，因此 $a'(\theta) < 0$ 而 $a''(\theta) > 0$。此外，Ω 表示环保技术水平（污染排放强度下降速度），假设其技术进步率是外生的，大小为 g_A。和传统索洛模型中一样，大写字母表示总量水平。

式（2.1）~式（2.8）描述了 GSM 的主要特征。为了便于求解，假设生产函数是柯布-道格拉斯形式的，且规模报酬不变。将模型的主要变量（Y、K、E）进一步整理为单位有效劳动的形式，则关于三个关键变量的重要方程如下。

$$y = (1 - \theta) k^\alpha \tag{2.9}$$

$$\dot{k} = sy - (\delta + n + g_B)k \tag{2.10}$$

$$e = \Omega a(\theta) k^\alpha \tag{2.11}$$

式中，参数 α 为生产函数中的资本产出弹性（在新古典假设下也等于资本的总回报占产出的份额）。与传说索洛模型一致，所有的小写字母均为单位有效劳动的水平（即 $y = Y/BL$，$k = K/BL$，$e = E/BL$）。通过将主要变量转换为单位有效劳动的水平，模型得到了降维处理，求解更加简洁。$\dot{k}$ 为单位有效劳动资本存量随时间的变化率。为了求解方便，进一步将总产出中减排投入比例 θ 设为常数，则三个关键变量的增长率可以进一步由以下三个方程表示。[①]

[①] Brock 和 Taylor（2010）测算了美国 1992~2014 年间污染减排和控制支出占 GDP 比重，发现这一比值在 20 余年的时间内基本在 1.6%~1.8% 的区间内波动，因此设定 θ 为常数是合理的。Hao 和 Wei（2015）计算了各省年度环保治理投资额占 GDP 比重，发现这一比重在 2003~2012 年间基本上稳定在 1%~1.3% 之间，因此对于中国也可以近似将 θ 视为一个常数

$$\frac{\dot{k}}{k} = (1 - \theta) sk^{\alpha-1} - (\delta + n + g_B) \tag{2.12}$$

$$\frac{\dot{e}_C}{e_C} = \left(g_B + \alpha \frac{\dot{k}}{k}\right) - g_A \tag{2.13}$$

$$\frac{\dot{E}}{E} = \left(n + g_B + \alpha \frac{\dot{k}}{k}\right) - g_A \tag{2.14}$$

式中，e_C表示人均污染排放量；$\dot{e}_C$表示人均污染排放量随时间的变化率；$\dot{E}$表示污染排放总量随时间变化率。

当经济初始状态的单位有效劳动资本存量 k（0）确定了之后，k、e_C 和 E 三个变量的动态变化的路径就由以上三个方程完全决定了。和传统索洛模型类似，在达到稳态时，人均资本存量、人均产出和人均消费的增长速度都是 g_B，而总资本存量、总产出和总消费的增速都为 $g_B + n$。由于稳态时单位有效劳动资本存量不随时间变化，即$\frac{\dot{k}}{k} = 0$，根据式（2.13）和式（2.14）可知稳态时人均污染排放和总排放量增长率分别为$\left(\frac{\dot{e}_C}{e_C} = g_B - g_A\right)$和$\left(\frac{\dot{E}}{E} = n + g_B - g_A\right)$。为了实现可持续增长，在稳态时污染物排放量不能无限制增长下去，因此要求$\frac{\dot{E}}{E} < 0$，即要求 $(n + g_B) < g_A$。

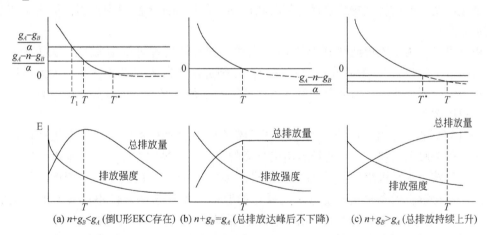

图 2.2　绿色索洛模型中环境库兹涅茨曲线（EKC）形态的几种不同可能性

由于单位有效劳动资本存量增速随着资本存量 k 的提升而降低，总排放量的增速$\frac{\dot{E}}{E}$也随 k 的增长而下降。因此，如果可持续增长的条件 $(n + g_B < g_A)$ 成立，那么在达到稳态之前存在某一个时间 T，总污染排放量的增速降为 0 而单位有效劳动资本存量增速仍为正（因经济尚未达到稳态）。在时间点 T 总污染排放量达到峰值。在时间点 T 之后，资本持续累

积，资本存量增速继续下降，总排放量的增速将小于 0，总体环境质量开始改善。最终经济达到稳态，单位有效劳动资本存量 k 的增速将为 0，污染排放总量以恒定速度 $(n+g_B-g_A)$ 下降（注意这一值为负），环境质量持续改善。在这种情况下，我们可以观察到污染排放量随经济增长先增加，在 T 时点达到峰值后再逐渐下降的过程，亦即倒 U 形的 EKC 曲线。这种情况的动态过程由图 2.2（a）所展示。注意图中 T_1 为人均污染排放达峰的时间，T^* 为经济达到稳态的时间。由于人均污染达峰时 $\left(\dfrac{\dot{k}}{k}=\dfrac{g_A-g_B}{\alpha}\right)$，这水平要比污染总量达峰时的单位有效劳动资本存量增速 $\left(\dfrac{\dot{k}}{k}=\dfrac{g_A-n-g_B}{\alpha}\right)$ 大，因此人均污染排放要先于总污染排放达到峰值。此外，由于污染排放强度为 $\left(\dfrac{E}{Y}=\dfrac{\Omega a\ (\theta)}{1-\theta}\right)$，因 θ 为常数而排放强度 Ω 以外生速度 g_A 降低，污染排放强度始终下降。

然而，如果可持续增长的条件 $(n+g_B)<g_A$ 不成立，那么在经济达到稳态时污染排放总量仍不会下降，因而不会观察到倒 U 形的 EKC 曲线。这种情况如图 2.2（b）和图 2.2（c）部分所示。如果 $(n+g_B)=g_A$［图 2.2（b）］，在经济进入稳态时总排放量增长率刚好降为 0，因而在平衡增长路径上总排放量不变，污染排放量平行于横轴而不会下降，因此污染水平与经济发展之间呈现"厂"字形关系。如果 $(n+g_B)>g_A$［图 2.2（c）］，在经济达到稳态水平时 $(t=T^*)$ 污染排放总量增速 $\left(\dfrac{\dot{E}}{E}=n+g_B-g_A>0\right)$ 仍为正，并且此后维持这一增速不变。因此污染排放总量将随时间推移不断增加而无法得到控制，最终可能造成生态灾难。

由此可见，为了能得到倒 U 形的 EKC 曲线，使经济实现可持续发展，必须使得 $(n+g_B)<g_A$ 这一条件成立。对政府的启示在于，必须适度控制人口增长，并且大力促进节能减排技术的发展，才能在保证合理经济增速的情况下最终使得污染排放总量下降、总体环境质量得以改善。

GSM 可以在一个较为简洁的理论框架下解释 EKC 曲线的存在性，且提供加速环境质量改善的相关政策建议。但与传统索洛模型类似，其主要缺陷在于两个技术进步率（生产最终产出的技术水平进步率 g_B 和减排技术进步率 g_A）是外生的给定值。因此，从本质上看，经济可持续发展条件 $(n+g_B)<g_A$ 成立的原因并不比这一条件不成立的原因更加充分。换句话说，并没有确定性的理由说明经济可持续发展条件成立与否。

针对新古典增长模型的技术进步外生的假设，近年来一些学者尝试使用内生增长模型的框架构建理论模型以解释 EKC 曲线。在一项有代表性的研究中，López 和 Yoon（2014）发展了一个基于 AK 增长模型框架的具有多产出部门（分别生产"清洁"产品和"肮脏"产品）的动态增长模型，由于代表性消费者对于污染和资本存量跨期替代的差异，从而可能产生传统的倒 U 形的 EKC 曲线。当然，学术界对 EKC 曲线理论解释的工作远未结束。未来的研究将继续在模型便捷性、解释力和对特征事实（stylized facts）契合度等方面寻求平衡。

2.3 有关环境库兹涅茨曲线的争议

2.3.1 国外研究进展

尽管 EKC 曲线是在过去近 30 年中学者对环境污染进行建模的主要方法,但其争议几乎从一开始就存在,而这种争议集中表现为实证结果不一致。事实上,其结果的不一致通常体现在 EKC 曲线存在证据中的不一致以及 EKC 曲线不存在证据中的不一致。

关于前者,部分研究发现,以不同污染物作为代理变量所计算出的 EKC 曲线拐点亦不同(Shafik and Bandyopadhyay,1992;Panayotou,1993;Selden and Song,1994;Shafik,1994;Grossman and Krueger,1995;Panayotou,1997;List and Gallet,1999;Dinda et al.,2000;Stern and Common,2001;Tao et al.,2008;Diao et al.,2009;Wu et al.,2018)。相关学者以硫氧化物排放作为环境污染的代理变量对 EKC 曲线进行了探究,结果发现其拐点差异颇大(Panayotou,1993;Grossman and Krueger,1995;Selden and Song,1994;Shafik,1994;Panayotou,1997;List and Gallet,1999;Stern and Common,2001;Diao et al.,2009)。其中,Grossman 和 Krueger(1995)研究了城市空气污染、河流流域的氧气状态、粪便污染以及重金属四种类型的污染与人均 GDP 之间的关系,结果表明 EKC 曲线存在;且不同污染物的转折点亦不相同,但在大多数情况下,转折点出现在人均收入达到 8000 美元左右。Selden 和 Song(1994)使用跨国面板数据以及四种污染物(浮颗粒物、二氧化硫、氮氧化物和一氧化碳)研究发现人均排放量与人均 GDP 呈现倒 U 形关系,转折点大约出现在人均收入 101 166 美元。List 和 Gallet(1999)使用 1929~1994 年的美国州级二氧化硫和氮氧化物排放数据集来检验 EKC 曲线,结果表明人均氮氧化物排放达到峰值的收入水平接近 9000 美元,而人均硫排放峰值的收入水平约为 21 000 美元。Diao 等(2009)研究了中国嘉兴的 EKC 曲线,发现工业废气为污染物时,EKC 曲线的拐点出现在人均收入 38 079 元人民币处。以烟粉尘为污染物的 EKC 曲线研究中,部分学者发现其拐点大致分布在 3000~4000 美元(Shafik and Bandyopadhyay,1992)、7114~13 383 美元(Selden and Song,1994)、6151 美元(Grossman and Krueger,1995)、9500~14 000 美元(Dinda et al.,2000)与 19 816 元人民币(Diao et al.,2009)处;而固体废弃物、$PM_{2.5}$ 的 EKC 曲线拐点分别为 28 296 元人民币(Tao et al.,2008)和 119 104 元人民币(Wu et al.,2018)。

关于后者,相关研究表明经济发展与环境质量之间的关系不明确。其中,Lantz 和 Feng(2006)按照具有弹性的模型分析加拿大人均 GDP、人口、技术变化与碳排放间的关系,结果发现人均 GDP 与碳排放之间不存在关系。Shafik 和 Bandyopadhyay(1992)、Friedl 和 Getzner(2003)、Mazzanti 等(2006)、Akbostanci 等(2009)认为,在一些不发达国家如土耳其等,环境质量随着经济增长而出现恶化,即呈单调递增的线性关系;而在一些发达国家如欧盟国家等,环境污染随着经济增长先上升后降低再上升即呈 N 形曲线关系。Wu 等（2018）利用2000~2011年的$PM_{2.5}$遥感数据和统计年鉴数据，在 EKC 曲线的框架下研究$PM_{2.5}$集中度与经济城市化、人口城市化和空间城市化之间的相关性，结果表明，经济城市化与$PM_{2.5}$浓度之间呈倒 N 形。此外，部分学者的研究结果表明，经济发展与环境污染之间的关系是 U 形（Perman and Stern，2003；Dietz et al.，2012）。Perman 和 Stern（2003）认为 EKC 曲线模型过于简单而缺乏有效性，1960~1990 年多数国家的二氧化硫排放 EKC 曲线的参数均为有偏估计。即便统计数据协整，在很多国家 EKC 曲线的形状是 U 形而非倒 U 形。Dietz 等（2012）使用58个国家的面板数据，以一个国家的人均生态足迹与其出生时的平均预期寿命之比表示人类福祉（EIWB）的环境强度，发现人均国内生产总值与这一环境强度变量之间的关系是 U 形，与 EKC 曲线相反。

2.3.2 国内文献综述

由于中国地域广阔，各地区资源禀赋和经济发展相差较大，处于不同经济发展水平的地区在基础设施、市场开放程度、政策环境、人力资本、法律制度建设、研发投入等方面存在差异，因而经济发展与环境污染的影响亦存在空间异质性。尽管部分学者采取不同的方法证实了 EKC 曲线在中国的存在性，但其拐点水平却颇具争议。其中，刘华军等（2011）利用省际面板数据，分析中国CO_2单位 GDP 排放量与人均收入之间的关系，CO_2单位 GDP 排放量与人均收入支持倒 U 形关系，拐点出现在 1319 元。李兰和张红利（2009）利用省际面板数据，得出了我国工业废水、工业废气、工业固废三种污染物的转折点分别在人均收入 36 573 元、37 413 元、28 395 元时出现。李红莉等（2008）考察了山东省的 EKC 曲线假设，结果表明SO_2排放量和烟尘排放量符合倒 U 形 EKC 曲线，转折点分别为人均 GDP 5029 元和1881 元。林伯强等（2009）通过研究CO_2排放的拐点发现中国CO_2 EKC 曲线的理论拐点对应的人均收入是 37 170 元，即 2020 年左右。但实证预测表明，拐点到 2040 年还没有出现，说明人均收入 37 170 元这个拐点不存在，简单的CO_2库兹涅茨模型模拟的理论曲线无法预测描述将来中国的CO_2排放状况。马丽珠等（2010）通过对昆明市 2002~2007 年人均 GDP 与污染物质数据进行分析，昆明市工业废水 EKC 曲线的转折点位于人均 GDP 247 851.72 元处，CO_2排放 EKC 曲线转折点位于24 005元处。区域层面，许广月和宋德勇（2010）利用面板数据对东、中、西部地区进行分析，发现西部地区不存在 EKC 曲线。冯烽和叶阿忠（2013）采用半参数面板数据模型以中国 28 个地区 1995~2009 年面板数据为基础，对 EKC 曲线的存在性进行验证，研究发现，中国中部、西部不存在该曲线。李斌和李拓（2014）的研究结果表明，中国中南地区为 U 形，"黄淮中下游"地区空气污染与经济增长正相关。此外，部分研究认为倒 U 形的 EKC 曲线在中国表现为其他形式。其中，沈满洪和许云华（2000）对浙江省近 20 年来人均 GDP 与工业"三废"及其人均量之间相互关系的分析发现，人均 GDP 与废水、废气、固体废弃物关系均呈 N 形。凌亢等（2001）以南京市为例，发现废气、SO_2、固体废弃物与人均 GDP 之间为严格递增的凸函数。谢贤政等（2003）通过分析安徽省 1990~2001 年经济增长与工业环境污染指标之间的关系，对 EKC 曲线假说进行了检验。结果表明，人均 GDP 与工业废水呈线性负相关，与废气、固体废弃物呈线性正相关。赵细康等（2005）对中国经济发展与污染排放的实证研究表明，全国废水排放量与经济增长之间关系呈 U 形。

2.3.3　环境库兹涅茨曲线的争议

综合国内外文献，环境库兹涅茨曲线的争议主要问题和原因集中于以下方面。

在模型设定时，EKC 曲线的研究将收入看做完全外生变量，忽视了环境恶化本身对于经济增长的遏制作用，以及环境质量的改善对于经济的积极作用，环境与经济之间的关系不应该是单向的，而应该是系统性的。环境库兹涅茨模型设定的缺陷包括但不限于：假设前提过于理想化，EKC 曲线假设各个国家和地区都有的 EKC 曲线具有同质性，而忽略了各国国情的差别。模型的选定影响 EKC 曲线的形状及拐点位置，即便在样本数据相同，回归模型形式不同的情况下，得到的曲线趋势仍会有所不同；当选定不同的模型时，得到的 EKC 曲线的形状和拐点多会有所改变。

除模型设定的缺陷以外，EKC 曲线的数据及指标选取方面同样会给实证结果带来影响，例如横纵坐标的精度不同，环境质量的代理指标选取具有不确定性，在达到一定发展水平后，某种污染物的水平不再发生变化，或即便达到发达国家的经济水平某些污染物的产生量仍和经济发展水平呈正向相关关系，目前还不能用一个单一的综合指标来表示环境质量。新技术的使用，可能带来新形式的污染，倒 U 形 EKC 曲线的出现，往往被认为是技术水平的提高带来了生产效率的提高，从而在低污染的情况下可以逐渐实现高产出，但新技术的广泛使用，有可能会带来新的形式的污染并未被考虑。

在结果解释方面，EKC 曲线的解释力也遭到质疑。其中，质疑声中做多的即关于拐点位置问题，发展较好的发达国家大多处在曲线的下降段，而发展相对较落后的国家通常处在 EKC 曲线的上升段，对于未来的发展状况却无从考证。同时，对不同国家 EKC 曲线的拐点位置也缺乏可靠的预测，只预测了它在未来一定会发生，但却无法掌握其发生的时点。如果拐点仅出现在一个极高的收入水平上，那么对于一部分国家来说，经济增长与环境污染始终呈正相关关系，收入水平的提高始终无法带来环境的改善。随着经济的发展与技术水平的提高，环境污染物的产生得到了治理和改善，但生态问题却越来越突出，EKC 曲线的研究仅局限于环境污染方面，其研究对未来发展的现实性可能会降低。

贸易、经济结构、政策等多种因素都会影响经济发展和环境质量，故对它们之间关系的研究需将各种因素考虑在内才能保证其科学性。除此之外 EKC 曲线的提出缺乏足够的理论基，国内外虽有大量对于 EKC 曲线的研究。有学者认为发达国家对制成品的进口是 EKC 曲线下降的最重要原因，环境污染的下降可能与环境污染的转移相关。在经济全球化的背景下，发达国家的污染企业逐渐向发展中国家转移，但对于经济后的国家来说，这些污染企业已无处转移，故经济发展的方向与轨迹可能发生变化。

参 考 文 献

安虎森，王雷雷，吴浩波 . 2014. 中国环境库兹涅茨曲线的验证——基于省域数据的空间面板计量分析 .

南京社会科学，9：1-8.

陈向阳．2015．环境库兹涅茨曲线的理论与实证研究．中国经济问题，1（3）：51-62.

邓晓兰，鄢哲明，武永义．2014．碳排放与经济发展服从倒 U 型曲线关系吗——对环境库兹涅茨曲线假说的重新解读．财贸经济，2：19-29.

冯烽，叶阿忠．2013．中国的碳排放与经济增长满足 EKC 假说吗？——基于半参数面板数据模型的检验预测，32（3）：8-12.

郭军华．2010．中国经济增长与环境污染的协整关系研究——基于 1991—2007 年省际面板数据．数理统计与管理，29（2）：281-293.

韩贵锋，徐建华，马军杰，等．2007．基于高程的环境库兹涅茨曲线实证分析．中国人口·资源与环境，17（2）：48-54.

胡明秀，胡辉，王立兵．2005．武汉市工业"三废"污染状况计量模型研究——基于环境库兹涅茨曲线（EKC）特征．长江流域资源与环境，（4）：470-474.

黄铮，外冈丰，宋国君，等．2006．中日环境库兹涅茨曲线的比较和启示．环境与可持续发展，2：9-11.

李斌，李拓．2014．中国空气污染库兹涅茨曲线的实证研究——基于动态面板系统 GMM 与门限模型检验．经济问题，4：17-22.

李红莉，王艳，葛虎．2008．山东省环境库兹涅茨曲线的检验与分析．环境科学研究，21（4）：210-214.

李兰，张红利．2009．基于省际面板数据的我国 EKC 实证研究．学术交流，3：85-88.

林伯强，蒋竺均，刘华军．2009．中国二氧化碳的环境库兹涅茨曲线预测及影响因素分析．管理世界，4：27-36.

凌亢，王浣尘，刘涛．2001．城市经济发展与环境污染关系的统计研究——以南京市为例．统计研究，10：46-52.

刘华军，闫庆悦，孙曰瑶．2011．中国二氧化碳排放的环境库兹涅茨曲线——基于时间序列与面板数据的经验估计．中国科技论坛，4：108-113.

马丽珠，陈建中，刘丽萍，等．2010．昆明市特征污染物增长的环境库兹涅茨特征研究．四川环境，29（1）：84-86，90.

毛晖，汪莉．2013．工业污染的环境库兹涅茨曲线检验——基于中国 1998—2010 年省际面板数据的实证研究．宏观经济研究，3：89-97.

沈满洪，许云华．2000．一种新型的环境库兹涅茨曲线——浙江省工业化进程中经济增长与环境变迁的关系研究．浙江社会科学，4：53.

施锦芳，吴学艳．2017．中日经济增长与碳排放关系比较——基于 EKC 曲线理论的实证分析．现代日本经济，1：81-94.

王敏，黄滢．2015．中国的环境污染与经济增长．经济学（季刊），14（2）557-578.

夏光，赵毅红．1995．中国环境污染损失的经济计量与研究．管理世界，6：198-205.

谢贤政，万静，高亳洲．2003．经济增长与工业环境污染之间关系计量分析．安徽大学学报（哲学社会科学版），27（5）：144-147.

许广月，宋德勇．2010．中国碳排放环境库兹涅茨曲线的实证研究——基于省域面板数据．中国工业经济，5：37-47.

杨林，高宏霞．2012．经济增长是否能自动解决环境问题——倒 U 型环境库兹涅茨曲线是内生机制结果还是外部控制结果．中国人口·资源与环境，22（8）：160-165.

杨先明，黄宁．2004．环境库兹涅茨曲线与增长方式转型．云南大学学报（社会科学版），6：45-51，93.

赵文昌．2012．空气污染对城市居民的健康风险与经济损失的研究．上海：上海交通大学博士学位论文．

赵细康, 李建民, 王金营, 等. 2005. 环境库兹涅茨曲线及在中国的检验. 南开经济研究, 3: 48-54.

Agras J, Chapman D. 1999. A dynamic approach to the environmental kuznets curve hypothesis. Ecological Economics, 28 (2): 267-277.

Akbostancı E, Türüt-Aşık S, Tunç G i. 2009. The relationship between income and environment in turkey: is there an environmental kuznets curve? Energy Policy, 37 (3): 861-867.

Akpan G E, Akpan U F. 2012. Electricity consumption, carbon emissions and economic growth in nigeria. International Journal of Energy Economics and Policy, 2 (4): 292-306.

Alam M J, Begum I A, Buysse J, et al. 2012. Energy consumption, carbon emissions and economic growth nexus in bangladesh: cointegration and dynamic causality analysis. Energy Policy, 45: 217-225.

Alkhathlan K, Javid M. 2013. Energy consumption, carbon emissions and economic growth in saudi zrabia: an aggregate and disaggregate analysis. Energy Policy, 62: 1525-1532.

Ang J B. 2007. CO_2 emissions, energy consumption, and output in france. Energy Policy, 35 (10): 4772-4778.

Apergis N, Payne J E, Menyah K, et al. 2010. On the causal dynamics between emissions, nuclear energy, renewable energy, and economic growth. Ecological Economics, 69 (11): 2255-2260.

Arrow K, Bolin B, Costanza R, et al. 1995. Economic growth, carrying capacity, and the environment. Ecological Economics, 15 (2): 91-95.

Azam M, Khan A Q. 2016. Testing the environmental kuznets curve hypothesis: a comparative empirical study for low, lower middle, upper middle and high income countries. Renewable and Sustainable Energy Reviews, 63: 556-567.

Azlina A A, Mustapha N N. 2012. Energy, economic growth and pollutant emissions nexus: the case of malaysia. Procedia-Social and Behavioral Sciences, 65: 1-7.

Baek J, Kim H S. 2013. Is economic growth good or bad for the environment? Empirical evidence from Korea. Energy Economics, 36: 744-749.

Barbier E B. 1994. Valuing environmental functions: tropical wetlands. Land Economics, 70 (2): 155-173.

Beckerman W. 1992. Economic growth and the environment: whose growth? Whose enrironment? World Development, 20 (4): 481-496.

Bölük G, Mert M. 2014. Fossil & renewable energy consumption, GHGs (greenhouse gases) and economic growth: evidence from a panel of EU (European Union) countries. Energy, 74: 439-446.

Brock W A, Taylor M S. 2005. Economic growth and the environment: a review of theory and empirics. In: Handbook of Economic Growth, 1: 1749-1821.

Brock W A, Talor M S 2010. The green Solow model. Journal of Econonic Crowth, 15 (2): 127-153.

Cho C H, Chu Y P, Yang H Y. 2014. An environment kuznets curve for GHG emissions: a panel cointegration analysis. Energy Sources, Part B: Economics, Planning, and Policy, 9 (2): 120-129.

Cole M A. 2004. Economic growth and water use. Applied Economics Letters, 11 (1): 1-4.

Cole M A, Rayner A J, Bates J M. 1997. The environmental kuznets curve: an empirical analysis. Environment and Development Economics, 2 (4): 401-416.

Copeland B R, Taylor M S. 2004. Trade, growth, and the environment. Journal of Economic Literature, 42 (1): 7-71.

Daly H E. 1993. The perils of free trade. Scientific American, 269 (5): 50-57.

Day K M, Grafton R Q. 2003. Growth and the environment in Canada: an empirical analysis. Canadian Journal of Agricultural Economics/Revue Canadienne D'agroeconomie, 51 (2): 197-216.

De Bruyn S M, van den Bergh J C, Opschoor J B. 1998. Economic growth and emissions: reconsidering the empirical basis of environmental Kuznets curves. Ecological Economics, 25（2）: 161-175.

Diao X D, Zeng S X, Tam C M, et al. 2009. EKC analysis for studying economic growth and environmental quality: a case study in China. Journal of Cleaner Production, 17（5）: 541-548.

Dietz T, Rosa E A, York R. 2012. Environmentally efficient well-being: Is there a Kuznets curve? Applied Geography, 32（1）: 21-28.

Dinda S. 2004. Environmental kuznets curve hypothesis: a survey. Ecological Economics, 49（4）: 431-455.

Dinda S, Coondoo D, Pal M. 2000. Air quality and economic growth: an empirical study. Ecological Economics, 34（3）: 409-423.

Du L, Wei C, Cai S. 2012. Economic development and carbon dioxide emissions in China: provincial panel data analysis. China Economic Review, 23（2）: 371-384.

Farhani S, Shahbaz M. 2014. What role of renewable and non-renewable electricity consumption and output is needed to initially mitigate CO_2 emissions in MENA region? Renewable and Sustainable Energy Reviews, 40: 80-90.

Farhani S, Mrizak S, Chaibi A, et al. 2014. The environmental Kuznets curve and sustainability: a panel data analysis. Energy Policy, 71: 189-198.

Figueroa E, Pastén R. 2015. Beyond additive preferences: economic behavior and the income pollution path. Resource and Energy Economics, 41: 91-102.

Fodha M, Zaghdoud O. 2010. Economic growth and pollutant emissions in tunisia: an empirical analysis of the environmental Kuznets curve. Energy Policy, 38（2）: 1150-1156.

Friedl B, Getzner M. 2003. Determinants of CO_2 emissions in a small open economy. Ecological Economics, 45（1）: 133-148.

Galeotti M, Lanza A, Pauli F. 2006. Reassessing the environmental Kuznets curve for CO_2 emissions: a robustness exercise. Ecological Economics, 57（1）: 152-163.

Ghosh S. 2010. Examining carbon emissions economic growth nexus for India: a multivariate cointegration approach. Energy Policy, 38（6）: 3008-3014.

Gill A R, Viswanathan K K, Hassan S. 2018. The environmental kuznets curve（EKC）and the environmental problem of the day. Renewable and Sustainable Energy Reviews, 81: 1636-1642.

Giovanis E. 2013. Environmental Kuznets curve: evidence from the British household panel survey. Economic Modelling, 30: 602-611.

Grossman G M, Krueger A B. 1991. Environmental impacts of a North American free trade agreement（No. w3914）. National Bureau of Economic Research.

Grossman G M, Krueger A B. 1995. Economic growth and the environment. The Quarterly Journal of Economics, 110（2）: 353-377.

Haisheng Y, Jia J, Yongzhang Z, et al. 2005. The impact on environmental Kuznets curve by trade and foreign direct investment in China. Chinese Journal of Population Resources and Environment, 3（2）: 14-19.

Halicioglu F. 2009. An econometric study of CO_2 emissions, energy consumption, income and foreign trade in Turkey. Energy Policy, 37（3）: 1156-1164.

Hamit-Haggar M. 2012. Greenhouse gas emissions, energy consumption and economic growth: a panel cointegration analysis from Canadian industrial sector perspective. Energy Economics, 34（1）: 358-364.

Hao Y, Liu Y M. 2016. The influential factors of urban PM2. 5 concentrations in China: a spatial econometric analysis. Journal of Cleaner Production, 112: 1443-1453.

Hao Y, Wei Y M. 2015. When does the turning point in China's CO_2 emissions occur? Results based on the green solow model. Environment and Development Economics, 20 (6): 723-745.

Hao Y, Liu Y, Weng J H, et al. 2016. Does the environmental kuznets curve for coal consumption in China exist? New evidence from spatial econometric analysis. Energy, 114: 1214-1223.

Hill R J, Magnani E. 2002. An exploration of the conceptual and empirical basis of the environmental Kuznets curve. Australian Economic Papers, 41 (2): 239-254.

Hill R, Magnani E. 1998. An exploration of the environmental Kuznets curve and its policy implications. Sydney: The University of New South Wales.

Holtz-Eakin D, Selden T M. 1995. Stoking the fires? CO_2 emissions and economic growth. Journal of Public Economics, 57 (1): 85-101.

Hossain M S. 2011. Panel estimation for CO_2 emissions, energy consumption, economic growth, trade openness and urbanization of newly industrialized countries. Energy Policy, 39 (11): 6991-6999.

Iwata H, Okada K, Samreth S. 2010. Empirical study on the environmental Kuznets curve for CO_2 in France: The role of nuclear energy. Energy Policy, 38 (8): 4057-4063.

Jalil A, Feridun M. 2011. The impact of growth, energy and financial development on the environment in China: A cointegration analysis. Energy Economics, 33 (2): 284-291.

Jayanthakumaran K, Liu Y. 2012. Openness and the environmental Kuznets curve: evidence from China. Economic Modelling, 29 (3): 566-576.

Jobert T, Karanfil F, Tykhonenko A. 2014. Estimating country-specific environmental Kuznets curves from panel data: A bayesian shrinkage approach. Applied Economics, 46 (13): 1449-1464.

Katircioğlu S T. 2014. Testing the tourism-induced EKC hypothesis: the case of Singapore. Economic Modelling, 41: 383-391.

Kijima M, Nishide K, Ohyama A. 2010. Economic models for the environmental Kuznets curve: A survey. Journal of Economic Dynamics and Control, 34 (7): 1187-1201.

Kuznets S. 1955. Economic growth and income inequality. The American Economic Review, 45 (1): 1-28.

Lantz V, Feng Q. 2006. Assessing income, population, and technology impacts on CO_2 emissions in Canada: Where's the EKC? Ecological Economics, 57 (2): 229-238.

Lau L S, Choong C K, Eng Y K. 2014. Investigation of the environmental Kuznets curve for carbon emissions in Malaysia: Do foreign direct investment and trade matter? Energy Policy, 68: 490-497.

Lee S, Oh D W. 2015. Economic growth and the environment in China: Empirical evidence using prefecture level data. China Economic Review, 36: 73-85.

Liao H, Cao H S. 2013. How does carbon dioxide emission change with the economic development? Statistical experiences from 132 countries. Global Environmental Change, 23 (5): 1073-1082.

Liddle B, Messinis G. 2015. Revisiting sulfur Kuznets curves with endogenous breaks modeling: substantial evidence of inverted-Us/Vs for individual OECD countries. Economic Modelling, 49: 278-285.

Lieb C M. 2002. The environmental Kuznets curve and satiation: a simple static model. Environment and Development Economics, 7 (3): 429-448.

Lieb C M. 2003. The environmental Kuznets curve: a survey of the empirical evidence and of possible causes. Discussion Paper No. 391, University of Heidelberg, Department of Economics, working paper.

List J A, Gallet C A. 1999. The environmental Kuznets curve: does one size fit all? Ecological Economics, 31

（3）：409-423.

López R E, Yoon S W. 2014. Pollution-income dynamics. Economics Letters, 124 (3): 504-507.

Maddison D. 2006. Environmental Kuznets curves: a spatial econometric approach. Journal of Environmental Economics and management, 51 (2): 218-230.

Magnani E. 2001. The environmental Kuznets curve: development path or policy result? Environmental Modelling & Software, 16 (2): 157-165.

Mazzanti M, Musolesi A, Zoboli R. 2006. A bayesian approach to the estimation of environmental kuznets curves for CO_2 emissions. Working Papers.

Nasir M, Rehman F U. 2011. Environmental Kuznets curve for carbon emissions in Pakistan: an empirical investigation. Energy Policy, 39 (3): 1857-1864.

Nordhaus W D, Stavins R N, Weitzman M L 1992. Lethal model 2: the limits to growth revisited. Brookings Papers on Economic Activity, 2: 1-59.

Onafowora O A, Owoye O. 2014. Bounds testing approach to analysis of the environment Kuznets curve hypothesis. Energy Economics, 44: 47-62.

Osabuohien E S, Efobi U R, Gitau C M W. 2014. Beyond the environmental Kuznets curve in Africa: evidence from panel cointegration. Journal of Environmental Policy & Planning, 16 (4): 517-538.

Ozcan B. 2013. The nexus between carbon emissions, energy consumption and economic growth in Middle East countries: A panel data analysis. Energy Policy, 62: 1138-1147.

Ozturk I, Acaravci A. 2010. CO_2 emissions, energy consumption and economic growth in Turkey. Renewable and Sustainable Energy Reviews, 14 (9): 3220-3225.

Ozturk I, Acaravci A. 2013. The long- run and causal analysis of energy, growth, openness and financial development on carbon emissions in Turkey. Energy Economics, 36: 262-267.

Pablo- Romero M D P, Sánchez- Braza A. 2017. Residential energy environmental Kuznets curve in the EU-28. Energy, 125: 44-54.

Panayotou T. 1993. Empirical tests and policy analysis of environmental degradation at different stages of economic development (No. 992927783402676). International Labour Organization.

Panayotou T. 1997. Demystifying the environmental Kuznets curve: turning a black box into a policy tool. Environment and Development Economics, 2 (4): 465-484.

Pao H T, Tsai C M. 2010. CO_2 emissions, energy consumption and economic growth in BRIC countries. Energy Policy, 38 (12): 7850-7860.

Pao H T, Tsai C M. 2011a. Modeling and forecasting the CO_2 emissions, energy consumption, and economic growth in Brazil. Energy, 36 (5): 2450-2458.

Pao H T, Tsai C M. 2011b. Multivariate granger causality between CO_2 emissions, energy consumption, FDI (foreign direct investment) and GDP (gross domestic product): evidence from a panel of BRIC (Brazil, Russian Federation, India, and China) countries. Energy, 36 (1): 685-693.

Pasten R, Figueroa E. 2012. The environmental Kuznets curve: a survey of the theoretical literature. International Review of Environmental and Resource Economics, 6 (3): 195-224.

Payne J E. 2009. On the dynamics of energy consumption and output in the US. Applied Energy, 86 (4): 575-577.

Perman R, Stern D I. 2003. Evidence from panel unit root and cointegration tests that the environmental Kuznets curve does not exist. Australian Journal of Agricultural and Resource Economics, 47 (3): 325-347.

Plassmann F, Khanna N. 2006. Household income and pollution: implications for the debate about the environmental Kuznets curve hypothesis. The Journal of Environment & Development, 15 (1): 22-41.

Richmond A K, Kaufmann R K. 2006. Energy prices and turning points: the relationship between income and energy use/carbon emissions. The Energy Journal, 157-180.

Roca J, Padilla E, Farré M, et al. 2001. Economic growth and atmospheric pollution in Spain: discussing the environmental Kuznets curve hypothesis. Ecological Economics, 39 (1): 85-99.

Romer D, Chow C. 1996. Advanced Macroeconomic Theory. New York: Mcgraw-hill.

Saboori B, Sulaiman J, Mohd S. 2012. Economic growth and CO_2 emissions in Malaysia: a cointegration analysis of the environmental Kuznets curve. Energy Policy, 51: 184-191.

Selden T M, Song D. 1994. Environmental quality and development: is there a Kuznets curve for air pollution emissions? Journal of Environmental Economics and Management, 27 (2): 147-162.

Shafiei S, Salim R A. 2014. Non-renewable and renewable energy consumption and CO_2 emissions in OECD countries: a comparative analysis. Energy Policy, 66: 547-556.

Shafik N. 1994. Economic development and environmental quality: an econometric analysis. Oxford Economic Papers, 46 (4): 757-774.

Shafik N, Bandyopadhyay S. 1992. Economic growth and environmental quality: time-series and cross-country evidence. Vol. 904. World Bank Publications.

Solow R M. 1956. A contribution to the theory of economic growth. The Quarterly Journal of Economics, 70 (1): 65-94.

Stern D I. 2004. The rise and fall of the environmental Kuznets curve. World Development, 32 (8): 1419-1439.

Stern D I. 2017. The environmental Kuznets curve after 25 years. Journal of Bioeconomics, 19 (1): 7-28.

Stern D I, Common M S. 2001. Is there an environmental Kuznets curve for sulfur? Journal of Environmental Economics and Management, 41 (2): 162-178.

Tamazian A, Rao B B. 2010. Do economic, financial and institutional developments matter for environmental degradation? Evidence from transitional economies. Energy Economics, 32 (1): 137-145.

Tao S, Zheng T, Lianjun T. 2008. An empirical test of the environmental Kuznets curve in China: a panel cointegration approach. China Economic Review, 19 (3): 381-392.

Tiwari A K, Shahbaz M, Hye Q M A. 2013. The environmental Kuznets curve and the role of coal consumption in India: cointegration and causality analysis in an open economy. Renewable and Sustainable Energy Reviews, 18: 519-527.

Torras M, Boyce J K. 1998. Income, inequality, and pollution: a reassessment of the environmental Kuznets curve. Ecological Economics, 25 (2): 147-160.

Wang Z, Ye X. 2017. Re-examining environmental Kuznets curve for China's city-level carbon dioxide (CO_2) emissions. Spatial Statistics, 21: 377-389.

World Bank. 1992. World Development Report 1992: Development and the Environment. New York: Oxford University Press.

Wu J, Zheng H, Zhe F, et al. 2018. Study on the relationship between urbanization and fine particulate matter ($PM_{2.5}$) concentration and its implication in China. Journal of Cleaner Production, 182: 872-882.

第3章 中国空气污染的环境库兹涅茨曲线研究

空气是人类赖以生存的物质基础，空气质量既关乎居民的生命健康和生活品质，又对经济的可持续发展至关重要。近些年，伴随着中国经济的飞速发展，空气污染问题日趋严重。理清经济发展和空气污染之间的关系对制定适宜的环境治理政策、促进中国经济的可持续发展具有十分重大的意义。EKC 曲线理论是研究环境污染和经济发展之间关系的重要理论，然而目前学术界对于空气污染的 EKC 曲线的研究大多集中于某类特定的污染物，且相对忽视了空气污染物所具有的空间依赖性，这给其研究模型的估计结果带来了潜在的偏误。在当前中国经济增速放缓而大气污染却仍然没有得到妥善解决的情况下，明确中国空气污染 EKC 曲线的存在性、形态特征及拐点位置，对深入剖析中国经济增长与环境的关系具有重要意义。本章将从以下几个方面进行讨论。

- 当前中国空气污染状况如何？
- 中国空气污染与经济增长是否存在 EKC 曲线关系？
- 若中国空气污染与经济增长的 EKC 曲线存在，那么拐点在哪里？如果其不存在，那么空气污染和经济增长存在何种关系？

3.1 中国空气污染概述

3.1.1 空气污染与危害

地球是人类赖以生存的家园，而大气是人类进行一切生命活动的物质基础。植物通过光合作用吸收大气中 CO_2 并释放氧气，动植物的生命活动又需要利用氧气并排出 CO_2，这使得大气中的氧气和 CO_2 不断循环并达到一种动态的平衡。大气的质量与人类的生存和发展息息相关。

人类活动对大气的影响无处不在，从生产到生活，大量未经处理的废气被排放到大气环境中，给大气环境造成了巨大的伤害，并损害了社会经济的发展。2013 年发布的《中华人民共和国国家环境分析》显示中国的空气污染加大了社会成本。该报告基于不同的估算方法，得出中国每年由空气污染所致的经济损失约折合为当年 GDP 的 1.2%~3.8%。若以 GDP 为 50 万亿元人民币的当量计算，1% 的损失约等于 5000 亿元人民币（董阳，2018）。严重的空气污染已经到了危害人类生命健康的地步。流行病学和毒理学的大量研究已经证实（谢鹏等，2009；Gong et al.，2012），大气颗粒物的质量浓度严重影响人类的身体状况，引起肺功能衰竭、呼吸性疾病和心血管疾病乃至死亡。自人类第一次工业革命以来，空气污染的问题不断出现，其中不乏一些具有严重危害性的空气污染事件。例如，1930 年发生在比利时马斯河谷的烟雾事件，这个河谷聚集了大量重污染工厂，这些工厂排放的有害气体和粉尘在某种特定的天气情况下无法扩散，聚集在低空中，结果造成 60 多人一周内死亡。1955 年美国洛杉矶发生的光化学烟雾事件，因为大量的汽车尾气在强烈阳光照射下发生物理化学变化，产生了有毒的浅蓝色烟雾，造成 400 多人因呼吸衰竭死亡。1952 年的伦敦烟雾事件，大量燃煤排放的粉尘和 CO_2 在极端不利的气象条件下，使得空气污染加剧，5 天内有 4000 多人死亡，两个月内又有 8000 多人相继死去[①]。可以说，空气污染的问题已经由来已久。

科技的飞速发展和互联网的出现并没有使空气污染的问题得到彻底的解决。据华盛顿大学卫生计量与评估研究所（IHME）《2018 年全球空气状况报告》，世界上超过九成的人口居住在超过世界卫生组织（WHO）的空气质量指南规定的 $PM_{2.5}$ 年平均浓度为 $10\mu g/m^3$ 的地区。一些地区（如中国、印度、巴基斯坦和孟加拉国）86% 的人口生活在 $PM_{2.5}$ 浓度超过 $75\mu g/m^3$ 的地区。该报告认为，$PM_{2.5}$ 是组成空气污染的一部分，是造成早亡的第六大风险因素。2016 年全球 410 万人因接触 $PM_{2.5}$ 而死于心脏病、脑卒中、肺癌、慢性肺病和呼吸道感染。臭氧是室外空气污染的另一重要组成物质，其含量在全球各地呈上升趋势，2016 年造成 20 多万人死于慢性肺病。世界卫生组织提供的 2018 年数据显示，每 10 人中就有 9 人呼吸含有高浓度污染物的空气，每年因环境（室外）和室内空气污染造成的死亡数达到惊人的 700 万人[②]。据 2014 年北京大学公共卫生学院发布的《危险的呼吸 2：大气 $PM_{2.5}$ 对中国城市公众健康效应研究》报告，与 WHO 规定的准则值（年平均浓度 $10\mu g/m^3$，24 小时平均浓度 $25\mu g/m^3$）相比，在基线情景即 2013 年 $PM_{2.5}$ 的污染暴露水平下，31 个省级行政中心（不包括港、澳、台）共发生了 25.7 万例超额死亡[③]。

3.1.2　中国空气污染概况

中国的大气环境问题不容小觑。改革开放以来，我国的城市化和工业化进程不断加快，经济得到快速发展。2010 年中国经济总量超越日本，成为世界第二大经济体。而中国经济快速增长的同时，对资源的消耗也在不断增加，大气环境污染也随之而来并日益严重。

就 SO_2 排放而言，在 21 世纪初，中国的 SO_2 排放在持续不断地增加，图 3.1 显示了我国 2000 年至 2017 年 SO_2 和烟粉尘排放量。2000 年我国 SO_2 的排放量为 1445 万 t，此后逐年增长，在 2006 年达到排放顶峰，接近 2600 万 t，位居世界第一。2007 年之后，由于节能减排的政策不断推行，先进的生产技术得以应用以及清洁能源的使用，我国 SO_2 排放

---

① 更多信息详见 http://www.phsciencedata.cn/Share/wiki/wikiView? id=cdce2c0c-02b0-49db-a39d-110ff589bf49

② 更多信息详见 https://www.who.int/zh/news-room/detail/02-05-2018-9-out-of-10-people-worldwide-breathe-polluted-air-but-more-countries-are-taking-action

③ 更多信息详见 http://www.pm25.com/news/701.html

的问题得到控制，SO_2 的总排放量逐年下降，到 2017 年已降低到为 875 万 t，与顶峰相比减少了 60% 以上。同时，根据图 3.1 所示，我国烟粉尘的排放量在这 17 年的时间里大体上表现出了持续下降的趋势，下降的比例也超过了 60%，但是这个下降的速度在减缓，在 2016 年和 2017 年这两年里，烟粉尘和 SO_2 的排放量已近乎相当。

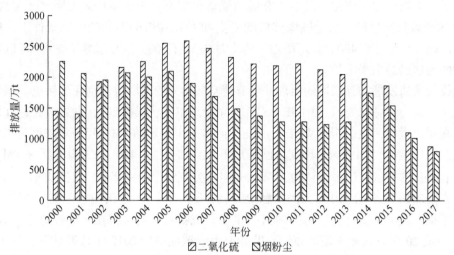

图 3.1　2000～2017 年我国 SO_2 和烟粉尘排放量

数据来源于中国统计年鉴（2001～2018）

雾霾现象也是大气环境状况恶化的表现之一。近年来中国各地多次爆发的雾霾事件，受到了社会各界的广泛关注。$PM_{2.5}$ 是指大气中空气动力学直径小于或等于 $2.5\mu m$ 的细颗粒物，可以吸附细菌、病毒和多环芳烃、过渡金属等有毒有害物质，可以通过呼吸道沉积于人体的肺泡，对人体健康的危害很大，其同时也是构成雾霾的重要成分。近年来我国不断采取一些措施治理大气污染并取得了一定的成效。图 3.2 是我国 $PM_{2.5}$ 和 PM_{10} 年平均浓度的变化趋势图，从中可以看出，从 2013 年到 2018 年这 5 年里，我国的 $PM_{2.5}$ 和 PM_{10} 年平均浓度呈现不断下降的态势。其中，$PM_{2.5}$ 年平均浓度由 $72\mu g/m^3$ 下降到了 $38\mu g/m^3$，PM_{10} 年平均浓度由 $118\mu g/m^3$ 下降到了 $71\mu g/m^3$。

虽然我国在治理雾霾等大气污染方面取得了一定的成果，但我国大气环境的状况还远没有达到世界标准，在我国华北等地区冬天出现雾霾天气仍然是普遍的现象。根据世界卫生组织 2018 年的报告，虽然 2016 年中国的 $PM_{2.5}$ 年均暴露浓度下降到了 $48.8\mu g/m^3$，与上一次报告相比下降了 17%，但是仍然比世界卫生组织的建议值高出了 4 倍[①]。根据世界银行的数据（图 3.3），与美国、日本等发达国家相比，2016 年我国的 $PM_{2.5}$ 的年均浓度是这些国家的 4～5 倍。

---

① 更多信息详见 http：//www. wpro. who. int/china/mediacentre/releases/2018/20180502-WHO-Issues-Latest-Global-Air-Quality-Report/zh

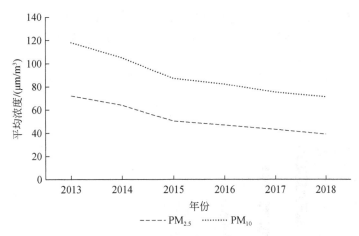

图 3.2　2013 ~ 2018 年我国 $PM_{2.5}$ 和 PM_{10} 情况

数据来源于 2013 ~ 2018 年中国环境状况公报

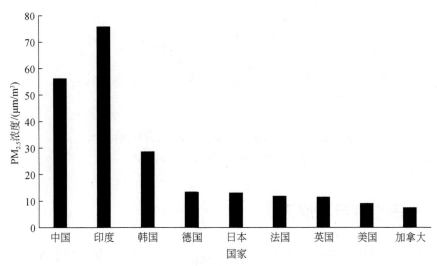

图 3.3　2016 年中国与其他国家 $PM_{2.5}$ 年平均浓度比较

数据来源于世界银行数据库

　　当前空气污染主要来源于人类的生产和生活。中国作为全世界最大的制造业国家和人口最多的国家，既消耗了大量的能源，也排放了许多废气。根据《中国环境统计年鉴2016》的数据，图 3.4 列出了我国工业废气排放量最大的 9 个行业。可以看出，工业废气排放总量最大的行业是电力、热力生产和供应业，其次是黑色金属冶炼及压延加工业和非金属矿物制品业。不难发现，工业废气排放量高的行业主要是与能源有关的行业和传统制造业，这些行业，尤其是电力、热力生产和供应业，对能源的消耗比较大。我国目前的能源消耗还是以化石燃料为主，其中煤炭在我国能源消费结构中占据的比例达到 60.4%[1]，

---

[1]　更多信息详见中电传媒能源情报研究中心出版的《中国能源大数据报告（2018）》

煤炭中含硫物质较多、燃烧不完全或者没有经过相应的尾气处理措施直接排放，会释放大量的 SO_2 烟粉尘等，所以包括煤炭、石油在内的传统化石能源的燃烧所产生的废气对空气状况影响相对较大。

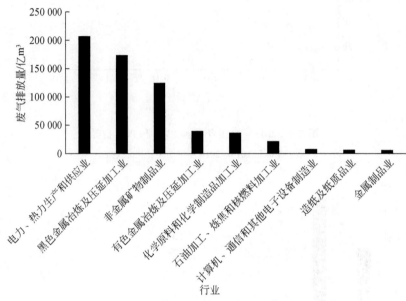

图 3.4　2015 年我国几个主要行业工业废气排放情况

数据来源于《中国环境统计年鉴 2016》

3.1.3　中国空气污染原因

在中国，引起空气污染的原因主要有三方面：第一，我国经济的快速发展。改革开放后，中国经济迅猛发展，2010 年跃居世界第二位。经济的繁荣带动了生产和消费，增加了对各种资源的需求。资源的消耗产生大量 CO_2、SO_2 和氮氧化物等气体。第二，在我国的能源结构中，煤炭燃烧仍然占据很大比重。在生产和生活过程中使用的煤炭中硫的含量较高，洗选效率低，很多煤炭未经处理就直接燃烧，并且燃烧的设备和技术等方面都比较落后，这使得空气中某些污染物浓度加剧。在我国农村地区，燃烧植物秸秆也会产生大量的烟粉尘，这也会造成严重的空气污染。第三，在法律层面，许多针对大气污染排放的法律法规制定还不够完善，对造成大气污染的企业的打击和处罚力度不够，这使得许多企业的违法成本相对较低。在经济利益的驱使下，这些企业甘愿冒着被罚款的风险而继续排放未经处理的废气，继续污染大气环境。此外，日常的机动车出行所排放的尾气以及市政施工过程产生的扬尘等，也在一定程度上加剧了空气的污染（王垚，2018；沈明富和俞耀坪，2014）。

3.2　中国大气环境库兹涅茨曲线研究概述

自 2013 年爆发席卷全国大部分地区的特大雾霾事件以来，中央和地方政府采取了许多措施以改善环境状况，出台了环境税（Zheng and Shi, 2015）、限额贸易政策（Li et al., 2015；Young et al., 2015）以及环境补贴（Chang et al., 2015）等相关政策，一些以重工业为主污染比较严重的地方甚至以不惜关闭大量钢铁工厂为代价来减轻空气污染状况。但大量工厂的关闭，也导致许多工人面临失业危机，经济的发展受到一定程度的阻碍。正如许多其他发展中国家的工业化进程一样，中国环境污染与经济增长显现出矛盾的关系。一方面国家在经济起飞阶段对自然资源的需求强烈，由此对资源的开采和利用使得一些污染物的排放不断增加，对环境造成了严重的污染；另一方面，环境的恶化也反过来抑制经济的可持续发展。

关于环境污染与经济增长的研究最早可以追溯到 20 世纪 90 年代初由 Grossman 和 Krueger（1991，1995）提出的 EKC 曲线。EKC 曲线是指环境污染和经济发展之间存在倒 U 形关系：在经济发展的初期阶段，环境污染会随着人均收入的增加而增加，但是当经济发展到一定阶段，环境污染会随着收入的增长而下降。此后的 20 多年时间里，也有大量的文献对环境污染与经济发展之间的关系进行研究。对于现有研究环境污染和经济增长关系的文献，我们根据模型是否考虑空间效应，将其分为两类：非空间模型和空间模型。非空间模型中，常见的方法包括参数回归、半参数回归、非参数回归和协整分析的方法。空间模型的一般方法包括空间滞后模型（SLM）、空间误差模型（SEM）和空间 Durbin 模型（SDM）。

参数回归是各种回归方法最常用的方法，参数回归对被解释变量和解释变量之间的关系要求比较明确并且通过样本能够估算参数。

Stern 和 Common（2001）采用了大范围的全球性样本研究人均硫元素排放量和经济增长之间的关系，他们的结果表明在全球样本范围内，人均硫的排放是人均收入的单调函数，而在高收入国家的样本中，硫的排放与人均收入之间呈现倒 U 形的关系。王敏和黄滢（2015）利用中国 112 座城市 2003～2010 年大气污染浓度数据考察我国经济增长和环境污染之间的关系，他们的研究结果是大气污染浓度指标都与经济增长呈现出 U 形曲线关系。占华（2018）使用 1997～2014 年的省级面板数据研究引入收入差距因素后 EKC 曲线假说的适用性，结果表明在考虑了收入分配差距的影响后，中国经济增长与环境污染的倒 U 形特征依旧显著。Kharbach 和 Chfadi（2017）在摩洛哥的交通运输部门中发现了 CO_2 排放和 GDP 之间存在倒 U 形的关系。当然并不是所有的研究都证实了 EKC 曲线的倒 U 形假说。彭水军和包群（2006）运用我国 1996～2002 年省级面板数据对包括水污染、大气污染在内的 6 类环境污染指标之间的关系进行了实证检验。实证结果表明 EKC 曲线的倒 U 形曲线关系很大程度上取决于污染指标以及估计方法的选取。Harbaugh 等（2002）的实证结果也表明，样本选择增加其他控制变量和计量方法的不同都有可能导致 EKC 曲线的消失。需要注意的是，参数模型的一些假设的可靠性仍有待检验，因此当模型参数的假设偏离实际参数时，很容易导致模型设置错误。

非参数模型对于总体的分布不做任何假设，只知道总体是一个随机变量，其分布是存在的，但是无法知道其分布的形式。因此非参数模型对回归函数具有更大的适应性，结果一般有较好的稳定性。Zaim 和 Taskin（2000）基于 CO_2 排放的数据计算了 1975 年至 1990 年间低收入国家和高收入国家的环境效率指数，发现环境效率指数与人均 GDP 之间存在 U 形和倒 U 形的曲线关系。Lee 和 Mukherjee（2008）使用从 1929 年 1994 年的美国 SO_2 和氮氧化物的数据，他们的结果显示两个子样本（1929～1984 年）和（1985～1994 年）表现出明显的 N 形关系，并且 SO_2 的 N 形关系比氮氧化物更加明显。Chen 和 Chen（2015）利用 1985 年至 2010 年中国 31 个省区工业 CO_2 排放的面板数据检验 CO_2 的 EKC 曲线假说，结果表明工业 CO_2 和经济发展之间存在倒 U 形关系，并且上海、北京和天津已经跨越了 EKC 曲线的拐点，其他地区仍处于环境污染的早期阶段。Xu 和 Lin（2015）基于非参数的方法利用 1990～2011 年省级面板数据考察了工业化和城市化对中国 CO_2 排放之间存在倒 U 形关系。非参数模型亦有其缺点，那就是回归需要的样本量比较大。

半参数回归是参数回归和非参数回归相结合的方法，半参数回归方法降低了对样本容量的要求，结果又具有一定稳健性。Bertinelli 和 Strobl（2005）的研究结果发现在低收入阶段，SO_2 和 CO_2 与经济增长存在正向的联系，但是在经济发展到达高收入阶段之前 SO_2 和 CO_2 的排放就已经稳定在一个水平。Zhu 等（2012）研究了 1992 年至 2008 年 20 个新兴国家中城市化与 CO_2 排放之间的关系，他们的研究结果没有证实城市化和 CO_2 存在 EKC 曲线。但是同样是基于半参数回归的方法，Wang 等（2015）利用 OECD 国家 1960～2010 年的数据，他们的结果却有力地证实了城市化与碳排放之间倒 U 形的关系。周睿（2015）使用 22 个新兴市场国家的面板数据，分别采用参数和半参数的方法对 EKC 曲线进行估计，结果表明污染物排放量和经济增长之间关系先上升后下降的整体趋势还是存在的。在非参数模型中，提高技术进步和贸易依存度会增加 CO_2 排放量，这与参数模型的结果相反。Wang 等（2016）使用中国 1990～2012 年的省级面板数据探讨收入、城市化和 SO_2 排放的关系，观察到经济增长与 SO_2 排放之间存在倒 U 形关系。

面板数据的协整方法可以避免虚假回归并确保回归结果的有效性。Perman 和 Stern（2003）基于面板协整的方法，使用了 74 个国家 31 年硫排放和 GDP 的数据，他们的研究结果没有发现硫排放的 EKC 曲线倒 U 形的关系。宋涛等（2007）运用面板协整的方法对中国省区 1985～2005 年的"三废"数据进行研究，他们的结果证实废水、废气和固体废弃物与人均 GDP 之间存在倒 U 形关系。Jaunky（2011）使用 1980～2005 年 36 个高收入国家的数据对二氧化碳的 EKC 曲线假设进行检验，结果证实希腊、马耳他、阿曼、葡萄牙和英国存在二氧化碳的 EKC 曲线假设。Ahmed 等（2017）对南亚 5 个国家的 CO_2 与其 4 个影响因素的关系进行研究，他们发现能源消耗、贸易开放程度和人口增长会对环境造成污染，而经济增长对改善环境有积极的作用。Shahbaz 等（2017）调查了 1972 年第一季度到 2011 年第四季度巴基斯坦城市化与能源消费之间的关系，结果表明城市化和经济增长会增加对能源的消耗量，而技术进步能够减少能源的消耗。

以上这些研究都假定污染物在地理上是独立的。然而根据 Maddison（2006），某一个地区二氧化硫等污染物的排放都受到临近地区排放的影响。因此，正如许多学者指出的，忽略空间的相关性会使估计结果存在偏误。

虽然对 EKC 曲线的研究从 20 世纪 90 年代就已经开始了，但是在 EKC 曲线模型中引入空间相关性是在 21 世纪初才开始的。黄莹等（2009）基于空间面板模型，对我国 29 个省份1990～2006 年的工业三废与人均 GDP 之间关系进行了研究，实证结果表明，除工业废水外，其他环境指标与 GDP 之间的关系都符合 EKC 曲线的倒 U 形关系。Zhu 等（2010）采用空间模型对中国 7 种工业污染物的 EKC 曲线进行检测，结果发现其中 5 种污染排放与人均 GDP 之间存在倒 U 形关系。吴玉鸣和田斌（2012）利用空间计量经济学模型对中国 2008 年 31 个省域的 EKC 曲线进行研究，结果表明中国的省级层面的环境污染存在明显的空间依赖性，30 个省的 EKC 曲线是呈倒 U 形的关系，其中有 29 个省的发展水平位于 EKC 曲线的左侧。郝宇等（2014）选取中国省级人均能源消费量和人均电力消费量作为环境压力的代理指标，并使用空间计量经济学模型对 EKC 曲线进行研究，结果表明我国的人均能源消费、人均电力消费均与人均 GDP 之间存在倒 U 形关系。Hao 和 Liu（2016）应用 2013 年中国 73 个城市的 $PM_{2.5}$ 浓度和空气质量指数（AQI）数据，基于空间滞后模型和空间误差模型，研究了社会经济发展与空气质量之间的关系。他们的证据表明中国的空气质量和经济发展存在倒 U 形的 EKC 曲线关系。Kang 等（2016）使用 1997～2012 年的面板数据证实了 CO_2 排放和经济增长的倒 N 形关系，并发现了影响 CO_2 EKC 曲线的空间溢出效应。

回顾这些关于 EKC 曲线的研究，可以发现：关于环境污染的指标多聚焦于 SO_2、CO_2 和其他一些常见的污染物，缺少一个从多维度表征环境状况的综合指标。并且这些文献或者发现了 EKC 曲线的倒 U 形关系，或者发现了倒 N 形关系，抑或是没有发现 EKC 存在的证据，很少有文献能够在此基础上深入探究 EKC 曲线的拐点的位置。此外，虽然已经有部分文献引入了空间计量经济学模型对 EKC 曲线进行研究，但是总体来说这部分所占的比例还比较小，得出的结论也存在差异。所以，本研究尝试通过构建一个能够综合表征空气污染情况的指数，基于空间计量模型，对我国 30 个省（自治区、直辖市）的空气污染的 EKC 曲线进行分析。

3.3 计量方法和数据

3.3.1 空气指标的选取

由于 Stern（2004；2017）质疑收入增长与各种环境指标关系的不一致性，因此有必要构建一个综合的环境指标来表征环境中各种空气污染的情况。虽然很多污染物数据都能获得，但是选取指标时应遵循一些基本的准则，如数据的完整性、可靠性和可获取性（OECD，2008）。目前学术界比较通用的是环境表现指数（EPI）和综合环境表现指数（CIEP）。前者是由耶鲁大学环境法律和政策中心以及哥伦比亚大学国际信息网络中心提出（Emerson et al., 2012），后者是由几位西班牙学者提出，囊括了 5 个维度的 19 个指标。然而，由于并非所有这些指标都适合于中国，考虑到我们研究的是空气污染情况，所以我们在选取指标时一方面污染指数的组成元素应充分反映大气污染情况，另一方面数据的来源必须权威可靠，并且拥有足够的时间跨度。基于这种情况，我们选取了 SO_2、烟粉尘和工业废气排放量作为我们污染指数的组成部分，以此代表中国 30 个省（自治区、直辖市）中大气污染情况。在选取这三个指标时，我们充分考虑了这三个污染物的特性。

根据潘竟虎等（2014），按照污染特点和防治重点，中国空气质量检测体系包括的污染物指标有二氧化硫（SO_2）、二氧化氮（NO_2）和可吸入颗粒物（$PM_{2.5}$、PM_{10}）等。生态环境部将 $PM_{2.5}$、SO_2、NO_2 的浓度作为一种常规检测空气质量的指标。

在大气污染物中，SO_2 是一种危害较大的气体，它在空气中会发生氧化反应，并与空气中的水分结合变成酸雨。酸雨会破坏土地的盐碱性，对农作物造成极大伤害。中国的酸雨区已经成了世界三大酸雨区之一，这给中国的环境状况和经济生产都造成了严重的伤害。根据《BP 世界能源统计年鉴（2017 年)》，中国是世界第一大能源消费国，中国占全球能源消费的 23%。而煤炭在我国能源结构占据了重要的部分，SO_2 排放中很大比例来自火力发电站及炼焦化工等行业排放的燃煤烟气。

烟粉尘是指通过燃烧煤、柴油、木柴、天然气等产生的尘粒以及工业生产过程中排放的细小固体颗粒。形成雾霾的可悬浮颗粒物很大程度上就是人类排放的烟粉尘（苏攀达等，2018）。烟粉尘还具有较强的迁移能力，会出现远距离迁移的现象（Wang et al., 2009；Tazaki et al., 2004）。因此对于研究空气状况，烟粉尘是一个重要指标。

氮氧化物也是我们研究空气污染常用的指标。由于氮氧化物的统计数据过少，本研究选取工业废气排放量来替代氮氧化物。工业废气包含了常见的一些空气污染物，是一个能够很好表征空气污染的指标。

在 3.3.2 节，我们将采用 SO_2、烟粉尘和工业废气排放量的数据构建一个污染指数，并将简要介绍污染指数的构建过程，污染指数将在计量分析中作为因变量。在 3.3.3 节中，介绍三种最具代表性和普遍性的空间计量模型概念及定义，并通过一系列检验确定具体的空间模型。

需要注意的是用于构建环境污染指数的这三种污染物是排放量而非浓度指标，因为在省级层面的数据只有排放量数据，污染物浓度数据存在于市级层面的数据，考虑到数据的可获取性，因此我们采用的是排放量而非浓度。一些研究中国环境污染的文献也使用了排放量的数据。Chen 等（2017）使用 SO_2 和烟尘的工业排放的面板数据来研究空气污染及其溢出效应的影响。

3.3.2 污染指数的构建

本章拟对中国 30 个省（自治区、直辖市）（暂不含港、澳、台和西藏）2000 年至 2016 年这 17 年的空气污染情况进行评价，所涉及的是立体时序数据（而传统客观赋权法只能进行二维数据表分析），因此采用全局熵值法构建污染指数。全局熵值法是对传统熵值法的改进，一方面保留了传统熵值法客观赋权的优点，另一方面引入了全局的思想对数据进行时间维度和截面跨度的综合分析。全局熵值法的步骤如下。

步骤 1：将 t 年内 m 个区域的 n 个指标三维数据表按照时间顺序排列，构成矩阵如式（3.1）。

$$p=(x_{ij}^t)_{mt\times n}, \quad i=1,2,\cdots,m, \quad j=1,2,\cdots,n, \quad t=1,2,\cdots,T \tag{3.1}$$

式中，T 为 17；m 为 30；n 为 3。

步骤 2：对矩阵 x_{ij}^t 的数据（在量纲、单位和数量级等方面都存在较大的差异）进行标准化处理，处理方法如式（3.2）和式（3.3）。

对于越大越好的指标：

$$(x_{ij}^t)' = \frac{x_{ij}^t - x_{j\min}}{x_{j\max} - x_{j\min}} \tag{3.2}$$

对于越小越好的指标：

$$(x_{ij}^t)' = \frac{x_{j\max} - x_{ij}^t}{x_{j\max} - x_{j\min}} \tag{3.3}$$

式中，$(x_{ij}^t)'$ 代表标准化后的矩阵。

步骤 3：计算第 j 个指标的熵，如式（3.4）和式（3.5）所示。

$$f_j = \frac{(x_{ij}^t)'}{\sum\limits_{t=1}^{T}\sum\limits_{i=1}^{m}(x_{ij}^t)'} \tag{3.4}$$

$$e_j = -\frac{1}{\ln mT}\sum\limits_{t=1}^{T}\sum\limits_{i=1}^{m}(f_j\ln f_j) \tag{3.5}$$

步骤 4：计算第 j 个指标的权重值，如（3.6）所示。

$$w_j = \frac{1-e_j}{\sum\limits_{j=1}^{n}(1-e_j)} \tag{3.6}$$

步骤 5：计算合成综合污染指数，如式（3.7）所示。

$$S_i^t = \sum\limits_{j=1}^{n} w_j (x_{ij}^t)' \tag{3.7}$$

通过以上全局熵的方法计算得出的空气污染指数越高，环境越差。

3.3.3 空间计量模型

与传统计量方法相比，空间计量考虑了变量具有的空间相关性，其估计结果的无偏性和一致性得到加强。空间计量模型根据交互效应的不同可分为包含了内生交互效应的空间自回归模型（SAR），考虑了误差项之间交互效应的空间误差模型（SEM），以及由 Le Sage 和 Pace（2008）提出的更具一般性的包含了前面这两种模型的空间杜宾模型（SDM）。

空间自回归模型的方程形式为

$$Y=\rho WY+\beta X+\alpha+e \tag{3.8}$$

式中，Y 为由被解释变量观测值构成的向量；W 为空间权重矩阵；ρ 为标量参数；X 为外生解释变量矩阵；β 为与之相关的需要估计的未知参数向量；α 为一个标量参数；e 服从均值为 0，方差为 σ^2 的独立同分布。

空间误差模型的方程形式为

$$Y = \alpha + \beta X + e, \quad e = \lambda W e + \mu \tag{3.9}$$

式中，λ 为空间自相关系数；μ 为误差项。

空间杜宾模型的方程形式为

$$Y = \rho W Y + \beta X + W X \theta + \alpha + e \tag{3.10}$$

式中，θ 为各解释变量空间滞后项的未知参数向量。

在本研究中，空间杜宾模型设定为

$$e_{it} = \rho \sum_{j=1}^{N} \omega_{ij} e_{jt} + \alpha_i + \gamma_t + \beta_1 \ln y_{it} + \beta_2 \ln^2 y_{it} + \beta_3 \ln^3 y_{it} + Z_{it} \eta + \lambda \sum_{j=1}^{N} x_{it} \mu_{jt} + \varepsilon_{it}$$

$$\tag{3.11}$$

式中，$\ln y_{it}$ 为被解释变量的对数值，在本研究中表示 i 省在第 t 年 SO_2、烟粉尘和化学需氧量的人均排放量；ρ 为空间交互项系数；W_{ij} 为空间权重矩阵；$\rho \sum_{j=1}^{N} \omega_{ij} \ln y_{jt}$ 为被解释变量的空间滞后项；$\ln X_i$ 为外商直接投资、发明专利授权量以及其他控制变量；β_i 为解释变量的未知参数向量。

通过 LR 检验以及 Wald 检验，能够判定是否能将空间杜宾模型简化成空间自回归模型或者是空间误差模型。但是如 Elhorst（2014）所说，当没有空间滞后被解释变量和没有空间自相关误差项的原假设被拒绝时，选择更具一般代表性的空间杜宾模型更为合适。

3.3.4 空间模型溢出效应的分解

空间模型溢出效应的分解是一个重要的研究热点。LeSage 和 Pace（2008）的研究表明许多实证研究采用的点估计方法来研究空间溢出效应可能会得到错误的结论，并发现使用偏微分的方法能够解释不同模型设定中变量变化的影响，且明确提出如式（3.12）所示的空间杜宾模型分解空间溢出效应。

$$Y = (1 - \rho W)^{-1} + (1 - \rho W)^{-1} (X\beta + WX\theta) + (1 - \rho W)^{-1} \varepsilon \tag{3.12}$$

被解释变量 Y 对解释变量 X 求偏导数后的矩阵为

$$\left[\frac{\partial E(Y)}{\partial x_{1k}} \cdot \frac{\partial E(Y)}{\partial x_{Nk}} \right] = \begin{bmatrix} \dfrac{\partial E(y_1)}{\partial x_{1k}} & \dfrac{\partial E(y_1)}{\partial x_{2k}} & \cdots & \dfrac{\partial E(y_1)}{\partial x_{Nk}} \\ \dfrac{\partial E(y_2)}{\partial x_{1k}} & \dfrac{\partial E(y_2)}{\partial x_{2k}} & \cdots & \dfrac{\partial E(y_2)}{\partial x_{Nk}} \\ \vdots & \vdots & & \vdots \\ \dfrac{\partial E(y_N)}{\partial x_{1k}} & \dfrac{\partial E(y_N)}{\partial x_{2k}} & \cdots & \dfrac{\partial E(y_N)}{\partial x_{Nk}} \end{bmatrix}$$

$$= (I-\rho W)^{-1} \begin{bmatrix} \beta_k & w_{12}\theta_k & \cdots & w_{1N}\theta_k \\ w_{21}\theta_k & \beta_k & \cdots & w_{2N}\theta_k \\ \vdots & \vdots & & \vdots \\ w_{N1}\theta_k & w_{N2}\theta_k & \cdots & \beta_k \end{bmatrix} \qquad (3.13)$$

式中，W_{ij} 为矩阵 W 的第 i 行第 j 列元素。由于直接效应和间接效应对于每个单位都不同，间接的报告这些结果比较困难，因此，LeSage 等（2008）建议矩阵的主对角线上元素的算术平均值为直接效应，表示某一地区研究的解释变量对本地区被解释变量的影响；非对角线上元素平均值即为间接效应，表示其他地区解释变量对本地区被解释变量的影响。

3.3.5 空间权重矩阵

空间权重矩阵表达了不同空间区域某些地理或经济属性值之间的相互依赖程度，是进行空间计量分析的关键。构建空间权重矩阵的方法有多种，也有文献对基本的构建方法加以阐述（Anselin，2002）。本研究跳过空间权重的基础知识介绍，直接选取 0–1 空间权重矩阵法，即根据研究对象在空间地理位置上相邻与否来赋值 0 或 1，0–1 空间权重矩阵定义如下。

$$W_{ij} = \begin{cases} 1, & i \neq j; \\ 0, & i = j; \end{cases} \qquad (3.14)$$

式中，区域 i 与区域 j 有共同的边界，则 $W_{ij}=1$，反之，则 $W_{ij}=0$。

3.3.6 空间自相关性检验

在使用空间计量模型之前，需要测量变量数据是否存在空间依赖性，如果存在，则使用空间计量方法，否则使用普通计量即可。莫兰指数（Moran's I）是用来测度数据是否具有空间依赖性的方法，其公式如下。

$$\text{Moran's I} = \frac{\sum_{i=1}^{n} \sum_{j=1}^{n} W_{ij}(x_i - \bar{x})(x_j - \bar{x})}{\sum_{i=1}^{n}(x_i - \bar{x})^2} \qquad (3.15)$$

莫兰指数值介于 –1 至 1 之间，正的莫兰指数说明正的相关性，负值代表负的相关性。

3.3.7 数据

在本研究中，被解释变量是污染指数，解释变量是以 2000 年为基价测算的实际人均 GDP 对数的一次项、二次项和三次项。控制变量是工业比重、人口密度和环境规制水平。所有的数据均来自中国统计年鉴、中国环境统计年鉴和各省统计公报（表 3.1）。

污染指数是一个表征大气环境污染情况的复合指标，由人均 SO_2 排放量、人均烟粉尘排放量和人均工业废气排放量这三种空气污染物通过全局熵的方法构建而成。污染指数越大，代表环境状况越差。

表 3.1　各变量的描述性统计

变量名	单位	最小值	最大值	平均值	方差	样本数/个
污染指数		0.101	0.957	0.498	0.147	510
人均 GDP	万元	0.26	9.01	2.165	1.600	510
工业比重		0.193	0.574	0.439	0.076	510
人口密度	人/km²	7.158	3850	428.378	608.465	510
环境规制水平		0.001	0.099	0.017	0.014	510

以 2000 年不变价水平的人均 GDP 来表示经济发展水平。为研究环境污染和经济发展之间的关系，我们引入人均 GDP 对数值的一次项、二次项和三次项。

工业比重是当年工业增加值与名义 GDP 的比值。人口密度是当年某省（自治区、直辖市）常住人口数与该省面积之比。环境规制是某省（自治区、直辖市）工业污染投资治理完成额与当年名义 GDP 比值。

3.4　实证结果和分析

3.4.1　污染指数

在本研究中，我们通过动态熵的方法计算出 2000 年至 2016 年全国 30 个省（自治区、直辖市）的空气污染指数，其中最小值为 0.101，最大值为 0.57 中。总的来说，我国整体的空气状况呈现出较大的区域差异，华北地区的空气污染较为严重。这 16 年，我国一些省（自治区、直辖市）的污染指数值呈现一个先增长后下降的趋势，表明当地的空气状况也经历了一个由变差再转好的过程。

3.4.2　莫兰指数

是否采用空间计量模型需要判定变量是否具有空间自相关性，而莫兰指数就是用来检验空间自相关性的指标。当变量的莫兰指数值存在并显著时就需要采用空间计量模型。莫兰指数值从−1 到 1 不等，当莫兰指数值在 0 到 1 之间时，表明变量间存在正的空间自相关性，并且越接近于 1 代表空间自相关性越强；当莫兰指数在−1 到 0 之间时，表明变量存在负的空间相关性，并且越接近−1，负的空间自相关性越强，当莫兰指数接近于 0 时，代表不存在空间相关性。通过表 3.2，可以看出 2000～2016 年这 16 年的莫兰指数都在统计意义上显著大于 0，表明我们构建的污染指数值具有空间相关性，因此使用空间计量模型能更客观地研究环境污染和经济发展之间的关系。

表 3.2　2000～2016 年我国空气污染的全局莫兰指数

年份	Moran's I	P 值	年份	Moran's I	P 值
2000	0.233	0.014	2009	0.224	0.017
2001	0.271	0.005	2010	0.240	0.011
2002	0.269	0.005	2011	0.282	0.003
2003	0.259	0.006	2012	0.282	0.003
2004	0.236	0.011	2013	0.272	0.005
2005	0.268	0.005	2014	0.264	0.006
2006	0.265	0.005	2015	0.261	0.007
2007	0.256	0.007	2016	0.240	0.012
2008	0.224	0.016			

3.4.3　非空间计量模型结果

表 3.3 列出了非空间模型的实证结果。通过比较表中列出的 4 个非空间模型结果，我们可以看出第 4 个模型，也就是空间和时间固定效应模型（又称双效应）比其他 3 个模型的表现更好，因为双效应模型的 $\log L$ 最大，方差最小。并且，$D\text{-}W$ 值为 1.8 代表回归方程几乎不存在自相关性。LR 检验的值是 933.2732 和 105.4530，分别拒绝了没有固定效应和没有时间效应的原假设。LM 检验和稳健 LM 检验拒绝了没有空间误差项和没有空间滞后项的原假设，表明在使用空间计量模型时应该选择更具一般性的空间杜宾模型。

表 3.3　非空间模型实证结果

变量	① 混合最小二乘法	② 空间固定效应	③ 时间固定效应	④ 空间和时间的 固定效应
截距	0.267 *** (8.46)			
lngdp	0.101 *** (8.55)	0.119 *** (19.90)	0.049 *** (3.19)	0.094 *** (3.25)
$\ln^2 gdp$	0.011 (0.69)	−0.006 (−0.809)	0.017 (0.29)	0.007 (0.94)
$\ln^3 gdp$	−0.024 *** (−2.74)	−0.020 *** (−4.707)	−0.019 ** (−2.16)	−0.029 *** (−6.91)
工业比重 (ID)	0.767 *** (11.13)	0.238 *** (3.40)	0.803 *** (11.655)	−0.077 ** (−0.85)
人口密度 ($\ln p$)	−0.039 *** (−9.80)	0.009 *** (3.19)	−0.035 *** (−8.93)	0.012 *** (4.55)

续表

变量	① 混合最小二乘法	② 空间固定效应	③ 时间固定效应	④ 空间和时间的 固定效应
环境治理水平 （ER）	3.955 *** （10.87）	0.794 （3.65）	4.202 *** （11.50）	0.544 ** （2.54）
R^2	0.4900	0.5691	0.4779	0.3327
σ^2	0.0111	0.0020	0.0103	0.0017
$\log L$	427.3517	859.6911	445.7810	912.4176
$D\text{-}W$	1.8340	1.5721	1.7855	1.8255
LM 空间滞后	59.8823 ***	57.8079 ***	25.8467 ***	1.8348
LM 空间误差	5.2964 ***	43.1728 ***	2.4668	0.7308
稳健 LM 空间滞后	65.0036 ***	14.6584 ***	50.5127 ***	2.0602
稳健 LM 空间误差	10.4177 ***	0.0234	27.1327 ***	0.9561
LR 空间固定效应的联合显著性 LR 检验			933.2732 ***	（p=0.000）
LR 时间固定效应的联合显著性 LR 检验			105.4530 ***	（p=0.000）

注：表中括号内是标准误。**、*** 分别表示在 5% 和 1% 水平上显著。

3.4.4 空间杜宾模型结果

表 3.4 列出了非空间计量模型和空间杜宾模型的结果。需要注意的是，空间杜宾模型中解释变量的系数值并不能反映被解释变量对解释变量变化的边际效应（Elhorst, 2014），而应该通过计算直接效应、间接效应和总效应来得到。在空间计量模型中，直接效应和系数存在差异的原因是存在反馈效应。反馈效应是指一个地区解释变量变化对本地区被解释变量的影响会传递给相邻的地区，且把相邻地区的影响传回本地区。反馈效应一部分来源于空间滞后被解释变量，一部分来源于解释变量的空间滞后系数估计值。间接效应衡量的是相邻地区被解释变量变化对本地被解释变量的影响，而非空间模型通常忽略了这种影响。总效应是直接效应和间接效应的总和（Elhorst, 2014），代表某一个解释变量变化最终对被解释变量的影响程度。

表 3.4 非空间模型结果与空间杜宾模型结果及其直接效应、间接效应和总效应

项目	非空间模型	空间杜宾模型			
	双向固定效应	系数估计	双向固定效应		
	系数估计		直接效应	间接效应	总效应
$\ln y$	0.094 *** （3.25）	0.147 *** （8.59）	0.145 *** （8.64）	−0.073 *** （−2.76）	0.072 *** （7.66）
$\ln^2 y$	0.007 （0.94）	−0.001 （−0.10）	−0.003 （−0.32）	−0.026 ** （−1.97）	−0.030 ** （−2.06）

项目	非空间模型 双向固定效应 系数估计	空间杜宾模型 系数估计	空间杜宾模型 双向固定效应 直接效应	空间杜宾模型 双向固定效应 间接效应	空间杜宾模型 双向固定效应 总效应
$\ln^3 y$	-0.029 *** (-6.91)	-0.020 *** (-4.68)	-0.018 *** (-4.59)	0.022 ** (2.14)	0.004 (0.27)
ID	-0.077 ** (-0.85)	0.094 (1.28)	0.116 (1.61)	0.466 *** (3.93)	0.581 *** (4.47)
$\ln p$	0.012 *** (4.55)	0.013 *** (4.96)	0.016 *** (5.61)	0.040 *** (5.00)	0.055 *** (5.71)
ER	0.544 ** (2.54)	0.533 ** (2.63)	0.599 *** (2.95)	1.111 ** (2.30)	1.710 *** (3.13)
$W \times \ln y$			-0.081 *** (-4.03)		
$W \times \ln^2 y$			-0.020 * (-1.76)		
$W \times \ln^3 y$			0.023 *** (2.80)		
$W \times ID$			0.337 *** (3.16)		
$W \times \ln p$			0.028 *** (4.77)		
$W \times ER$			0.709 * (1.91)		

注：表中括号内是标准误。*、** 和 *** 分别表示在 10%、5% 和 1% 水平上显著。

表 3.4 中列出了各个变量的直接效应、间接效应和总效应，根据总效应的计算结果，$\ln y$ 的一次项是 0.072，二次项是 -0.030，三次项是 0.004。这个三次方程的系数结果表明，GDP 和污染指数呈现 N 形的 EKC 关系，验证了我国的空气污染和经济发展存在着 N 形的关系，即在经济发展的初始阶段环境状况随经济的发展而变差，污染加剧，当经济发展到一定阶段到达某个拐点时环境污染会随着经济的发展而得到改善，当到达另一个更大拐点时环境污染又会加剧。

进一步进为了求得 N 形曲线的拐点，我们对 $\ln y$ 求一次导，得到了两个拐点，再以 e 为底数，得到拐点对应的 GDP 的值是 7.4 和 20.1，也就是说 N 形曲线的拐点是在人均 GDP 为 7.4 万元和人均 GDP 为 20.1 万元。在 2000 年至 2016 年这 17 年间中国各省（自治区、直辖市）的人均 GDP 中，上海和天津已经在 2014 年超过了这一拐点，2016 年北京的实际人均 GDP 也十分接近这一数值。中国东部地区各省份，包括江苏、浙江、广东、福建等省份，也可能在样本期后的几年达到这个拐点，这表明中国东部地区的空气污染已经达到或者接近顶峰，未来随着经济的继续发展，环境状况可能逐渐得到改善。东部地区率先到达 EKC 曲线拐点的事实与整个中国的发展历史和形势比较吻合。由于靠近海洋，东部地区在接受产业转移过程中获得相对优势，40 多年的改革开放历程使得东部地区的整体发展水平比中、西部地区高出许多，所以东部地区也更早地面临环境污染和产业转型升级的问题。中西部地区的人均 GDP 与拐点的人均 GDP 还相差许多，因此可以说当前以及未来一段时间内，中西部地区经济的发展还处于 EKC 曲线的初级阶段，换句话说，这些地区环境污染仍会随着经济发展而逐渐加剧。本研究中，另一拐点对应的人均 GDP 约为 20 万元，意味着当人均 GDP 的值超过这一值时，空气污染反而会加剧。这个结果与我们的观念不符。但是，许多学者在研究 EKC 曲线拐点时也得到了类似的结果——另一拐点对应的人均 GDP 较高，如 Hao 等（2018a），Hao 和 Wei（2015）。鉴于我们的数据样本基本集中于第一个拐点左边，所以，我们认为第二个拐点对应的人均 GDP 不具有参考性。

表 3.4 还列出了控制变量的系数实证结果，这些控制变量包括工业比重、人口密度和环境规制水平。工业比重的总效应是 0.581，表明工业比重与环境污染呈正相关关系，工业占比越大，空气污染越严重。这说明我国的工业还是 "环境污染型"，排放的气体会降低大气质量。李陈（2016）也指出，随着工业企业数量的增加，对空气质量指数的贡献由 4.68% 增加到 5.54%。工业烟粉尘排放量每增加一吨，空气质量指数（APL）的数值将增加 9.25%~9.70%，意味着空气质量会下降。从本研究 3.1.2 节对我国主要行业的工业废气排放量的分析中也可以看出，制造业特别是金属制造业的确是废气排放较多的行业。人口密度的总效应是 0.055，说明人口密度越大的地方，环境污染指数越高。这有可能是人口密度大的地方，生产和生活消耗资源较多，生活排放的 SO_2、烟粉尘等也随之增加，所以对以 SO_2、烟粉尘和工业废气构成的环境指数有较强的负面效应。曲长雨（2018）的研究也得到类似的结论。环境规制的总效应是 1.710，这与预期的影响效果相反，可能的原因是工业污染治理完成投资额相对来说对于环境改善的作用十分小，效果不明显，这与 Hao 等（2018b）、Chen 等（2018）的研究相符合。

相比普通计量方法，空间计量模型充分考虑了变量具有的空间依赖性。通过比较表 3.4 中控制变量的非空间模型与空间杜宾模型直接效应的结果，可以发现，空间杜宾模型直接效应的结果会比非空间模型结果大，这正是反馈效应的体现。以工业比重为例，其直接效应的值 0.116 大于非空间模型的 0.094，说明某个地区工业比重的增加，会对邻近地区的工业、空气产生影响，而这种影响又通过空间效应传导回这个地区，加剧了这个地区的空气污染。间接效应衡量的是相邻地区解释变量的变化对本地区被解释变量的影响，而这些影响通常被传统计量方法所忽视。因此，我们可以认为，空间计量模型的实证结果能够更好地反映出被解释变量对解释变量变化的反应程度。

3.5 本章小结

常见的空气污染指标主要有 SO_2、烟粉尘、$PM_{2.5}$、PM_{10}、氮氧化物、工业废气等。为了更加全面地反映中国空气污染状况，本章使用人均 SO_2、烟粉尘和工业废气排放量的数据，并通过动态熵的方法构建了环境污染指数来表征大气污染的情况。鉴于空气污染具有较强的空间相关性，本研究还采用了空间计量模型以及中国 30 个省（自治区、直辖市）2000~2016 年的数据对环境污染和经济发展之间的关系进行分析与探讨。在对于变量的空间相关性检验中，莫兰指数显示，污染指数具有强烈的空间正相关性；这说明一个污染指数较高的地区其相邻地区的污染指数也会较高，并且这种聚集性和环境依赖性也在不断增强。通过本章的研究，主要有三点发现：一是构建的空气污染指数表明，我国各地区的空气状况差异明显，华北一些地区的空气污染状况比较严重。二是中国的经济发展和环境污染存在 N 形曲线的关系，有 N 形 EKC 曲线的存在。换句话说，在中国经济发展初始阶段，环境污染会随着经济发展而加剧；当经济发展到达某一拐点时，污染会随之减轻，环境状况得到改善；当经济继续发展到另一个拐点时，环境状况又会随之加剧。三是本研究通过计算得到 N 形曲线的两个拐点分别是在人均 GDP 为 7.4 万元和 20.1 万元处。上海和天津的人均 GDP 在 2014 年已经超过这一拐点，北京和其他一些东部省份也接近这一拐点，意味着东部地区已经达到或接近 EKC 曲线的拐点，经济发展和环境质量呈现出另一种积极的关系。中西部地区的人均 GDP 达到拐点还需要时间，因此这些地区在发展经济时要注意由此带来的空气污染现象。

此外，其他控制变量如工业比重、人口密度和环境规制水平的结果也与预期影响效果相符，并且都在 1% 的水平上显著。工业比重越大，污染指数越高，环境越差。人口密度的增长也能增加 SO_2、烟粉尘和工业废气的排放。环境规制水平会使污染加剧的原因可能是以工业污染治理投资对环境污染改善作用太弱，效果不明显。

根据所得结论，可以得到四点政策启示：其一，由于环境污染具有强烈的空间依赖性，各个地区政府在制定污染控制政策和措施时应考虑空间相关性。值得注意的是，一些省级和地方政府采用了以邻为壑的政策进行环境治理，导致"上游地区的污染由下游地区治理"的现象频繁发生。因此，中国各级政府应该改进区域协调和治理机制，促进和加强区域间合作。其二，中国大多数省份和地区仍然处于 EKC 曲线的早期阶段，这表明政府在发展过程中不能仅仅关注 GDP。目前，中国东部各省相对富裕，环境法规相对严格。在这种情况下，一些污染密集型产业开始从东向西转移以逃避法规。同时，为了促进经济增长，一些中西部省份制定了优惠政策，以破坏当地环境为代价吸引这些高污染企业。地方政府应该摒弃"先污染后治理"的旧发展模式，追求平衡增长和环境保护的可持续发展。其三，中国的特大城市，尤其是北京、天津和上海等城市，应该加强对城市可持续生态发展的关注。这几个城市的经济发展水平相对较高，很可能先于其他地区提前跨越 EKC 曲线的转折点进入第二阶段的发展，即随着经济的发展，环境质量反而提高。因此，这些城市应该总结其他城市的经验和教训，以尽快实现可持续的生态发展。其四，政府应该采用适当的政策、法规加速中国环境质量转折点的到来。例如，政府可以通过在经济政策上向发展第三产业倾斜，以此减少经济增长对高污染产业的依赖。

参 考 文 献

董阳. 2018. 中国空气质量对公众健康的影响——基于与 G20 国家整体的比较. 人口与经济，（2）：

57-68.

郝宇，廖华，魏一鸣. 2014. 中国能源消费和电力消费的环境库兹涅茨曲线：基于面板数据空间计量模型的分析. 中国软科学，1：134-147.

黄莹，王良健，李桂峰，等. 2009. 基于空间面板模型的我国环境库兹涅茨曲线的实证分析. 南方经济，10：59-68.

李陈. 2016. 中国160座城市空气质量影响因素定量分析. 生态经济，32（10）：151-153.

潘竟虎，张文，李俊峰，等. 2014. 中国大范围雾霾期间主要城市空气污染物分布特征. 生态学杂志，12：257-265.

彭水军，包群. 2006. 经济增长与环境污染——环境库兹涅茨曲线假说的中国检验. 财经问题研究，8：3-17.

曲长雨. 2018. 社会经济因素对我国主要城市空气质量影响浅析. 当代经济，24：138-139.

沈明富，俞耀坪. 2014. 我国城市空气污染现状分析及治理研究. 科技与企业，21：75.

宋涛，郑挺国，佟连军. 2007. 基于面板协整的环境库兹涅茨曲线的检验与分析. 中国环境科学，27（4）：572-576.

苏攀达，曾克峰，刁贝娣，等. 2018. 中国省域工业烟粉尘排放时空分布特征及区域减排控制. 环境污染与防治，40（5）：547-552.

王敏，黄滢. 2015. 中国的环境污染与经济增长. 经济学（季刊），14（2）：557-578.

王垚. 2018. 城市空气污染的现状及治理. 城市建设理论研究（电子版），13：138.

吴玉鸣，田斌. 2012. 省域环境库兹涅茨曲线的扩展及其决定因素——空间计量经济学模型实证. 地理研究，31（4）：627-640.

谢鹏，刘晓云，刘兆荣，等. 2009. 我国人群大气颗粒物污染暴露-反应关系的研究. 中国环境科学，29（10）：1034-1040.

占华. 2018. 收入差距对环境污染的影响研究——兼对"EKC"假说的再检验. 经济评论，6：100-112，166.

周睿. 2015. 新兴市场国家环境库兹涅茨曲线的估计——基于参数与半参数方法的比较. 国际贸易问题，3：14-22，64.

Ahmed K, Rehman M. U, Ozturk I. 2017. What drives carbon dioxide emissions in the long-run? Evidence from selected South Asian Countries. Renewable and Sustainable Energy Reviews, 70：1142-1153.

Anselin L. 2002. Under the hood issues in the specification and interpretation of spatial regression models. Agricultural Economics, 27（3）：247-267.

Bertinelli L, Strobl E. 2005. The environmental Kuznets curve semi-parametrically revisited. Economics Letters, 88（3）：350-357.

Chen H, Hao Y, Li J, et al. 2018. The impact of environmental regulation, shadow economy, and corruption on environmental quality: theory and empirical evidence from China. Journal of Cleaner Production, 195：200-214.

Chen X, Shao S, Tian Z, et al. 2017. Impacts of air pollution and its spatial spillover effect on public health based on China's big data sample. Journal of Cleaner Production, 142：915-925.

Chen L, Chen S. 2015. The estimation of environmental Kuznets curve in China: nonparametric panel approach. Computational Economics, 46（3）：405-420.

Chang L, Li W, Lu X. 2015. Government engagement, environmental policy, and environmental performance: Evidence from the most polluting Chinese listed firms. Business Strategy and the Environment, 24（1）：1-19.

Elhorst J P. 2014. Matlab software for spatial panels. International Regional Science Review, 37 (3): 389-405.

Emerson J W, Hsu A, Levy M A, et al. 2012. Environmental performance index and pilot trend environmental performance index. New Haven: Yale Center for Environmental Law and Policy.

Gong P, Liang S, Carlton E J, et al. 2012. Urbanisation and health in China. The Lancet, 379 (9818): 843-852.

Grossman G M, Krueger A B. 1991. Environmental impacts of a North American free trade agreement (No. w3914). National Bureau of Economic Research.

Grossman G M, Krueger A B. 1995. Economic growth and the environment. The Quarterly Journal of Economics, 110 (2): 353-377.

Hao Y, Liu Y M. 2016. The influential factors of urban PM2. 5 concentrations in China: a spatial econometric analysis. Journal of Cleaner Production, 112: 1443-1453.

Hao Y, Wei Y M. 2015. When does the turning point in China's CO_2 emissions occur? Results based on the Green Solow model. Environment and Development Economics, 20 (6): 723-745.

Hao Y, Deng Y, Lu Z N, et al. 2018b. Is environmental regulation effective in China? Evidence from city-level panel data. Journal of Cleaner Production, 188: 966-976.

Hao Y, Wu Y, Wang L , et al. 2018a. Re-examine environmental Kuznets curve in China: spatial estimations using environmental quality index. Sustainable Cities and Society, 42: 498-511.

Harbaugh W T, Levinson A, Wilson D M. 2002. Reexamining the empirical evidence for an environmental Kuznets curve. Review of Economics and Statistics, 84 (3): 541-551.

Jaunky V C. 2011. The CO_2 emissions-income nexus: evidence from rich countries. Energy Policy, 39 (3): 1228-1240.

Kang Y Q, Zhao T, Yang Y Y. 2016. Environmental Kuznets curve for CO_2 emissions in China: a spatial panel data approach. Ecological Indicators, 63: 231-239.

Kharbach M, Chfadi T. 2017. CO_2 emissions in Moroccan road transport sector: divisia, cointegration, and EKC analyses. Sustainable Cities and Society, 35: 396-401.

LeSage J, Pace R K. 2008. Introduction to Spatial Econometrics. New York: CRC Press.

Lee Y, Mukherjee D. 2008. New nonparametric estimation of the marginal effects in fixed-effects panel models: an application on the environmental Kuznets curve. Social Science Elecrronic Publishing DOI: 10.2139/ssrn.1119315.

Li X, Wu X, Zhang F. 2015. A method for analyzing pollution control policies: application to SO_2 emissions in China. Energy Economics, 49: 451-459.

Maddison D. 2006. Environmental Kuznets curves: a spatial econometric approach. Journal of Environmental Economics and Management, 51 (2): 218-230.

OECD. 2008. Handbook on constructing composite indicators: methodology and user guide. Paris: OECD Publishing.

Perman R, Stern D I. 2003. Evidence from panel unit root and cointegration tests that the environmental Kuznets curve does not exist. Australian Journal of Agricultural and Resource Economics, 47 (3): 325-347.

Stern D I. 2004. The rise and fall of the environmental kuznets curue. World Development, 32 (8): 1419-1439.

Stern D I. 2017. The environmental Kuznets curve after 25 years. Journal of Bioeconomics, 19 (1): 7-28.

Stern D I, Common M S. 2001. Is there an environmental Kuznets curve for sulfur? Journal of Environmental Economics and Management, 41 (2): 162-178.

Shahbaz M, Chaudhary A R, Ozturk I. 2017. Does urbanization cause increasing energy demand in Pakistan? Empirical evidence from STIRPAT model. Energy, 122: 83-93.

Tao S, Zheng T, Lianjun T. 2008. An empirical test of the environmental Kuznets curve in China: a panel cointegration approach. China Economic Review, 19 (3): 381-392.

Tazaki K, Wakimoto R, Minami Y, et al. 2004. Transport of carbon-bearing dusts from Iraq to Japan during Iraq's War. Atmospheric Environment, 38 (14): 2091-2109.

Wang G, Kawamura K, Lee M. 2009. Comparison of organic compositions in dust storm and normal aerosol samples collected at Gosan, Jeju Island, during spring 2005. Atmospheric Environment, 43 (2): 219-227.

Wang Y, Zhang X, Kubota J, et al. 2015. A semi- parametric panel data analysis on the urbanization- carbon emissions nexus for OECD countries. Renewable and Sustainable Energy Reviews, 48: 704-709.

Wang Y, Han R, Kubota J. 2016. Is there an environmental Kuznets curve for SO_2 emissions? A semi-parametric panel data analysis for China. Renewable and Sustainable Energy Reviews, 54: 1182-1188.

Xu B, Lin B. 2015. How industrialization and urbanization process impacts on CO_2 emissions in China: evidence from nonparametric additive regression models. Energy Economics, 48: 188-202.

Young O R, Guttman D, Qi Y, et al. 2015. Institutionalized governance processes: comparing environmental problem solving in China and the United States. Global Environmental Change, 31: 163-173.

Zaim O, Taskin F. 2000. Environmental efficiency in carbon dioxide emissions in the OECD: a non-parametric approach. Journal of Environmental Management, 58 (2): 95-107.

Zheng D, Shi M. 2017. Multiple environmental policies and pollution haven hypothesis: evidence from China's polluting industries. Journal of Cleaner Production, 141: 295-304.

Zhu H M, You W H, Zeng Z F. 2012. Urbanization and CO_2 emissions: a semi- parametric panel data analysis. Economics Letters, 117 (3): 848-850.

Zhu P H, Yuan J J, Zeng W Y. 2010. Analysis of Chinese industry environmental Kuznets curve—empirical study based on spatial panel model. China Industrial Economics, 6: 65-74.

|第4章| 中国 CO_2 排放的环境 库兹涅茨曲线研究

全球变暖是人类面临的非常重要的环境问题，关系到人类的生存。这一问题也会影响到我国经济的可持续发展。人类活动，特别是经济活动，引起 CO_2 排放量的增加是全球变暖的主要原因。根据 IEA 的估算，2017 年全球化石燃料的 CO_2 排放量达到 363 亿 t，其中近三分之一来自中国。作为 CO_2 排放大国，中国承受着越来越大的 CO_2 减排压力。然而，经济发展与 CO_2 排放究竟呈怎样的变化趋势？中国的 CO_2 排放变化趋势是否具有时间非线性与空间异质性特征？中国 CO_2 排放 EKC 曲线是否存在？如果存在，拐点位置如何，且中国如何才能跨越 EKC 曲线的拐点？如果不存在，它们之间关系曲线的形状如何？CO_2 排放与经济发展水平之间是否存在非线性关系？本章围绕上述问题，从以下几个方面讨论。

- 经济发展与 CO_2 排放呈现怎样的变化趋势？
- 中国 CO_2 排放增加的主要原因是什么？
- 中国 CO_2 排放 EKC 是否存在？
- 中国的 CO_2 排放变化趋势是否具有时间非线性与空间异质性特征？

4.1 CO_2 排放现状概述

4.1.1 CO_2 排放与经济发展

随着全球经济的飞速发展，工业化进程的不断推进，由经济发展带来的环境问题成为世界各个国家或地区亟待解决的突出问题。其中，全球气候变暖是 21 世纪人类面临的共同挑战之一。导致全球气候变暖的首要因素是人类在近一个世纪以来大量使用化石燃料，尤其是第二次世界大战后，工业化成为世界各国经济发展的目标，包括 CO_2 在内的多种温室气体排放量急剧攀升。自工业革命以来，化石能源消耗量爆发式增长，化石能源的燃烧向大气排放了大量以 CO_2 为主的温室气体，CO_2 排放随着工业化进程的推进持续增多。目前大气中 CO_2 含量增加了 25% 且增速依然维持在较高水平，并没有任何减速的迹象。

根据 IEA 全球 CO_2 排放统计显示，2016 年，全球化石燃料燃烧产生的 CO_2 排放量为 323.1 亿 t，相对于 2015 年 322.8 亿 t 的排放量小幅上升，基本持平。根据图 4.1，自 1971 年以来，全球 CO_2 排放量一直在不断增加；相对于 1971 年，2000 年 CO_2 排放量增加了约 40%，2016 年增加了一倍以上。其主要原因在于，为促进经济的快速增长，世界各国都在大量消耗化石燃料。2013 年全球 CO_2 排放量超过 320 亿 t，在 2013～2016 年相对趋于稳定。根据 IEA 的报告，2017 年，中国、印度和欧盟的 CO_2 排放量增加了约 1.5%。2000 年至 2013 年，全球 CO_2 排放量增加主要是由于中国的 CO_2 排放量平均年增长率为 2.6%，其排放量在此期间几乎增加了 3 倍。从世界 CO_2 排放量增长率来看，2005 年之前世界 CO_2 排放量呈现出波动上升的趋势，在 2005 年达到顶峰之后开始趋于下降。从区域层面来看（图 4.2），1995 年之前，欧洲和美洲的排放量最高，亚洲、非洲与大洋洲地区的排放量相对较小。然而，1995 年之后，亚洲地区的排放量开始飞速上升。其主要原因在于，以发展中国家为主的亚洲地区大力发展经济，大量使用化石燃料导致 CO_2 排放量不断增加。

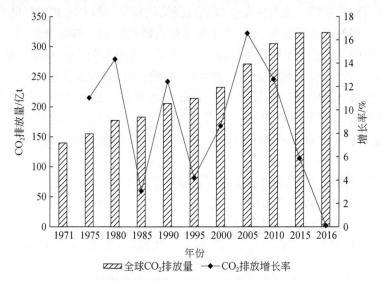

图 4.1　化石燃料产生的 CO_2（全球化石燃料的 CO_2 排放）

据国际能源署 2018 年全球 CO_2 排放统计报告

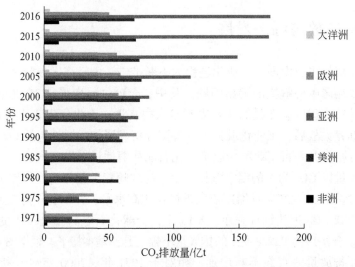

图 4.2　1971～2016 年世界各地 CO_2 排放量

据国际能源署 2018 年全球 CO_2 排放统计报告

从 CO₂ 排放来源看，主要是以煤炭、石油和天然气为主的化石能源的消耗所产生。根据图 4.3，1971～2016 年煤炭、石油和天然气消耗所带来的 CO₂ 排放量在不断增加，但其增长率总体上呈现波动下降的趋势。2015 年，煤炭消耗所导致的 CO₂ 排放量为 145.3 亿 t，之后开始趋于下降。2016 年煤炭消耗所带来的 CO₂ 排放量为 142.7 亿 t，比 2015 年下降了 2.6 亿 t。与煤炭不同，石油和天然气消耗所带来的 CO₂ 排放量均在 2016 年达到最大值，分别为 112.3 亿 t 和 66.1 亿 t，相对于 2015 年分别增加了 12.1 亿 t 和 169.1 亿 t。从其增长率来看，煤炭消耗导致的 CO₂ 排放在 2005 年达到最大值（28.14%），CO₂ 排放量最小值出现在 2016 年（-1.86%）；石油消耗在 1975 年带来了 13.85% 的 CO₂ 排放增长率，达到了 1971～2016 年的最大值，最低增长率出现在 1985 年（-7.34%）；天然气虽然为一种相对清洁型的能源，但在 1971～2016 年其消耗所带来的 CO₂ 排放量增长率一直为正，且在 1980 年达到了 20.43%，2016 年的增长率最小（2.63%）。

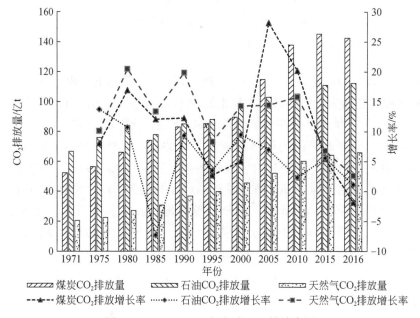

图 4.3　1971～2016 年全球 CO₂ 排放来源

数据来源：据国际能源署 2018 年全球 CO₂ 排放统计报告

从行业层面来看，根据 IEA 报告（图 4.4），2016 年全球 CO₂ 排放量排放最多的部门是电力与热力生产（134.12 亿 t），其次分别为交通运输业（78.66 亿 t）、制造业与建筑业（61.09 亿 t）、道路建设（58.52 亿 t）、居民消耗（19.84 亿 t）、其他能源消耗（15.93 亿 t），最低的是商业与服务业（8.37 亿 t）。此外，2016 年工业排放量减少了 2.3%，基本抵消了电力生产、热力生产、运输和建筑业 CO₂ 排放的增长。其关键驱动因素是工业部门用煤量减少了 50 亿 t，电力和热力生产的改善以及能源利用效率的提升限制了化石能源需求和 CO₂ 排放量的增加。

图 4.5 比较了 19 个代表性国家部分年份的人均 CO₂ 排放以及其年均增长率。从中可

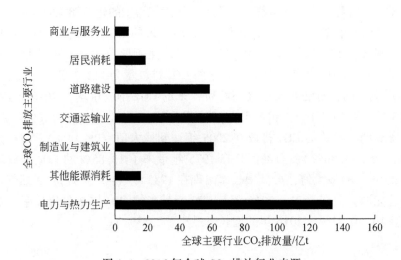

图 4.4　2016 年全球 CO_2 排放行业来源

其他能源消耗主要包括农业、林业和渔业；据国际能源署 2018 年全球 CO_2 排放统计报告

以看出，1991 年人均 CO_2 排放量最高的是美国（18.8t），最低的是埃及（1.34t），反映了发达国家在工业化初期为发展经济，大量消耗化石燃料且排放出了较多的 CO_2。相较而言，2014 年人均 CO_2 排放量最多的依然是美国，但从 1991 年的 18.8t 下降至 2014 年的 16.22t，人均 CO_2 排放量最低的依然是埃及（1.93t）。此外，1991 ~ 2014 年年均 CO_2 排放增长率最高的是中国（5.598%），最低的是乌克兰（−3.560%）。此结果亦反映了中国在工业化与城市化进程中 CO_2 排放量逐渐增加的趋势。CO_2 排放年均增长率为正的有 8 个国家，分别是中国、土耳其、埃及、墨西哥、日本、新西兰、澳大利亚和西班牙；年均增长率为负的有 10 个国家，分别是荷兰、美国、意大利、德国、比利时、匈牙利、罗马尼亚、阿塞拜疆、乌克兰和法国。

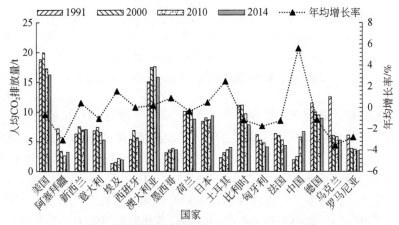

图 4.5　18 个国家部分年份的人均 CO_2 排放量及年均增长率

据国际能源署 2018 年全球 CO_2 排放统计报告

4.1.2 中国 CO_2 排放变化趋势

碳排放是温室气体排放的总称,而 CO_2 是温室气体的主要构成, CO_2 的排放主要来自于化石燃料、水泥、石灰等生产过程。其中,化石燃料造成的排放占总体排放的 70%。在国内外,碳排放量测算都没有统一的标准方法,实际测量法、系统仿真法和碳排放系数法是三种最主要的研究方法。本研究采取应用广泛的碳排放系数法,对 CO_2 排放量进行测算。本研究参照 IPCC(2013)以及国家气候变化对策协调小组办公室和国家发改委能源研究所的方法(2007),对中国 30 省(自治区、直辖市)2000~2016 年的 CO_2 排放量进行了估算。同时参照杜立民(2010)的方法,本研究不仅测算了化石能源燃烧的 CO_2 排放量,还估算了水泥生产过程中的 CO_2 排放量。其中,化石能源消费被细分为煤炭消费、焦炭消费、石油消费(包括汽油、煤油、柴油、燃料油四类)和天然气消费。

化石能源燃烧的 CO_2 排放量具体计算公式如下。

$$T_{CO_2} = \sum_{i=1}^{7} CO_{2i} = \sum_{i=1}^{7} Q_i \times CF_i \times CC_i \times COF_i \frac{44}{12} \tag{4.1}$$

式中, T_{CO_2} 为各类化石能源消耗所释放出的 CO_2 总量; Q_i 为 30 个省(自治区、直辖市)第 i 种能源的最终消耗量; CF_i 为各能源消耗所释放出的热值; CC_i 为 i 能源中的含碳量; COF_i 为碳氧化因子; $CF_i \times CC_i \times COF_i$ 为碳排放系数; $CF_i \times CC_i \times COF_i \times \frac{44}{12}$ 为 CO_2 排放系数。

水泥生产过程的 CO_2 排放量计算公式为

$$C_{CO_2} = QC \times EC_{cement} \tag{4.2}$$

式中, C_{CO_2} 代表水泥生产过程中释放的 CO_2 总量;QC 代表工业生产的水泥总量; EC_{cement} 代表水泥生产过程 CO_2 排放系数。数据主要来自《中国能源统计年鉴》《中国统计年鉴》和 Wind 数据库等。

图 4.6 展示了 2000~2016 年全国以及东、中、西部地区的平均 CO_2 排放量以及 CO_2 排放增长率的变化趋势。由图 4.6 可知,整体上,无论是全国还是东、中、西三大区域的平均 CO_2 排放量均在上升。其中,平均 CO_2 排放量最高的是东部地区,最低的是西部地区。其可能原因是,长期以来,东部地区是中国经济较为发达地区,工业化与城市化快速推进消耗了大量的能源与资源,排放了较多的污染物。此外,中国东部地区是改革开放的前沿阵地,为促进外向型经济的发展,我国大量吸引外资进入;然而,早期相对于发达国家较为宽松的环境管制标准,致使中国东部地区成了发达国家的"污染避难所"。西部地区之所以 CO_2 排放量低,原因在于,中国西部地区属于欠发达地区,工业占比较小,在经济发展中产生了较少的 CO_2 排放。从 CO_2 排放增长率来看,各个地区的 CO_2 排放增长率基本趋于一致。其中,增长率最高的年份是 2005 年,其次为 2008 年,之后总体趋于下降。原因可能在于,2008 年之前,中国为筹备奥运会,大量增加基础设施投资,消耗了大量的能源,产生了较多的 CO_2 排放;此后,中国为应对严重的空气污染,出台了相应的环保政策,客观上也帮助减少 CO_2 的排放,与此同时,中国政府对 CO_2 的减排也制定和施行

了一系列的政策目标。

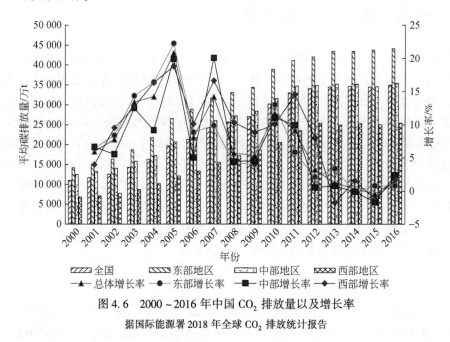

图 4.6　2000～2016 年中国 CO_2 排放量以及增长率

据国际能源署 2018 年全球 CO_2 排放统计报告

通过比较分析 2000 年和 2016 年中国 30 个省（自治区、直辖市）的 CO_2 排放量，我们可以明显观察到两个特征。第一，不同省（自治区、直辖市）的 CO_2 排放量存在很大的差异。2000 年，CO_2 排放量最高的 5 个省份分别是河北（26 223 万 t）、辽宁（23 653 万 t）、江苏（21 056 万 t）、广东（19 855 万 t）和河南（18 759 万 t），最低的 5 个省（自治区）分别是广西（5628 万 t）、江西（5562 万 t）、宁夏（2935 万 t）、青海（1369 万 t）和海南（818 万 t）。第二，CO_2 排放较高的省（自治区、直辖市）基本位于中国东部与中部地区，而排放较少的基本位于中国的西部地区。2016 年，CO_2 排放量最高的依然是河北省（94 897 万 t），最低的还是海南省（3453 万 t）。值得注意的是，2000～2016 年中国各省（自治区、直辖市）CO_2 排放量均在不断增加。

事实上，作为目前世界上 CO_2 排放总量最大的国家，中国仍然面临着来自国际社会的巨大碳减排压力，中国也在积极参与应对气候问题的国际合作并主动表态承担 CO_2 排放问题上的大国责任。中国于 2015 年 6 月向《联合国气候变化框架公约》秘书处提交了《强化应对气候变化行动——中国国家自主贡献》，主动设定并公开了到 2030 年我国在 CO_2 排放控制上的目标：单位国内生产总值 CO_2 排放比 2005 年下降 60%～65%；同时要形成更加可持续发展的能源消耗结构，实现非化石能源占一次能源消费的比重达到 20% 的目标。同年，我国发布经十二届全国人大十六次会议修订通过的《中华人民共和国大气污染防治法》，并于 2016 年 1 月 1 日起正式施行。中国共产党第十八届中央委员会第五次全体会议上"绿色发展"理念被提出，这说明我国继续坚持环境保护和节约资源的基本国策不动摇，加快建设环境友好型、资源节约型社会步伐，绿色的生产方式、生活方式、消费模式和价值观体系成为我国经济社会发展的重要内容。可见，不管是从国际责任还是本国发展需要出发，制定有效的 CO_2 减排对策，引导中国走上绿色低碳的发展路径，对实现 CO_2 排放控制与经济增长的健康协同，谋求可持续发展道路，都具有重要的理论价值和政策意义。

4.2 CO_2 排放环境库兹涅茨曲线的概述

4.2.1 国外研究状况

自 20 世纪 90 年代以来，由温室气体排放引起的全球气候变暖开始受到社会的持续关注，国内外关于 CO_2 排放与经济增长之间关系的相关研究纷纷应运而生。其中，最广为人知的是 Grossman 和 Krueger（1991）提出的 EKC 曲线理论。根据该理论，在社会经济的起飞阶段，经济的增长会不可避免地伴随环境的恶化。但是，随着人类生产生活因环境恶化而受到影响以及生产方式、经济发展模式的进步，当经济达到一定水平后，环境将随着经济发展而逐步好转。

然而，并非所有的环境污染物都符合 EKC 曲线，国际学术界对于 CO_2 排放和经济增长之间的关系是否符合库兹涅茨曲线规律，还存在很多不同的观点与看法。一方面，在大多数研究中，CO_2 排放 EKC 曲线的存在都得到了证实。例如，Selden 和 Song（1994）考察了 SO_2、CO_2、氮氧化物和大气悬浮颗粒这四种污染物与经济发展的关系，发现其排放量与人均收入之间存在着倒 U 形关系。Galeotti 和 Lanza（1999）利用全球百余个国家的历史经验数据测算发现，经济增长与 CO_2 排放量之间呈现倒 U 形关系，符合 EKC 曲线的形状特征。Jalil 和 Mahmud（2009）基于中国 1975～2005 年的年度时间序列数据，采用 ARDL 方法考察了碳排放与收入、能源消费、对外贸易间的协整关系，验证了 EKC 曲线的存在性。Shahbaz 等（2013）运用结构突变单位根检验方法并结合 ARDL 分析，发现南非 CO_2 排放与经济增长之间满足 EKC 曲线假说，呈现倒 U 形关系。Kanjilal 和 Ghosh（2013）基于 ZA 单位根检验、ARDL 边界检验和 Gregory-Hansen 协整分析，发现经济增长、对外贸易等数据与 CO_2 排放量之间具有变结构协整关系，结果显示经济增长与 CO_2 排放的 EKC 存在。Azam 和 Khan（2016）基于 1975～2014 年的数据考察了低收入和中低收入国家的人均收入与碳排放之间的关系，发现 EKC 曲线存在。另一方面，在部分研究中 CO_2 排放与经济增长之间并不总是存在 EKC 曲线。例如，Lantz 和 Feng（2006）按照具有弹性的模型分析加拿大人均 GDP、人口、技术变化与 CO_2 排放间的关系，结果发现人均 GDP 与 CO_2 排放之间不存在关系。Onafowora 和 Owoye（2014）考察了中国、日本、韩国、埃及、墨西哥、巴西以及南非等国家的经济发展与 CO_2 排放之间的关系，估计结果表明除了日本和韩国存在 EKC 曲线关系，其余六个国家的经济增长与 CO_2 排放之间的长期关系都遵循的是 N 形轨迹。另外，在 Agras 和 Chapman（1999）、Roca 和 Alcántara（2001）、Richmond 和 Kaufmann（2006）、He 和 Richard（2010）的研究中，未发现 CO_2 排放与经济增长之间存在 EKC 曲线关系。

4.2.2 国内研究状况

在国内学术界的现有研究中，众学者对 CO_2 排放的 EKC 曲线进行了许多有益的探讨，但得出的结论并非完全一致。其中，一些学者的研究结论显示，中国 CO_2 排放与经济发展间的关系符合 EKC 曲线的特征。例如，付加锋等（2008）基于生产和消费视角提出，在生产视角和消费视角下，单位 GDP 与 CO_2 排放量之间存在显著的倒 U 形 EKC 曲线。刘扬和陈劭锋（2009）基于 IPAT 方程，发现存在 CO_2 排放强度、人均 CO_2 排放和 CO_2 排放总量三个倒 U 形曲线。魏下海和余玲铮（2011）将 CO_2 排放的空间依赖性纳入考虑，基于空间计量经济学方法重新解读了中国经济增长与 CO_2 排放之间的 EKC 假说，发现经济增长与 CO_2 排放之间具有显著的倒 U 形关系。此外，有部分学者尝试对国内 CO_2 排放的 EKC 曲线的理论拐点位置进行预测。例如，马丽珠等（2010）通过对昆明市 2002~2007 年的人均 GDP 与污染物质数据的分析，测算得到昆明市 CO_2 排放的 EKC 曲线的拐点位于约 24 005 元处。林伯强和蒋竺均（2009）通过研究 CO_2 排放的库兹涅茨曲线拐点发现，中国的理论拐点对应于人均收入 37 170 元，将出现在 2020 年左右。然而实证预测表明，直到 2040 年，拐点仍不会出现。这说明该拐点不存在，简单的 CO_2 EKC 曲线模型模拟的理论曲线并不能预测描述将来中国的 CO_2 排放状况。

但同时，也有一些学者的研究结论显示，中国经济增长与 CO_2 排放之间的关系并不完全满足 EKC 曲线假说。例如，刘华军等（2011）的研究结果显示，我国经济发展与 CO_2 排放之间呈现单调递增的线性关系。胡初枝等（2008）的研究表明中国的经济增长与 CO_2 排放之间呈现 N 形关系，即 CO_2 排放量随着经济的发展上下波动，并不存在所谓的拐点。杜婷婷等（2007）的研究结果也显示传统的二次方程型 EKC 曲线并不能很好地反映中国经济与 CO_2 排放之间的关系，但三次方程形式则能够较好地拟合中国经济发展的现状，所以中国经济与 CO_2 的排放不符合倒 U 形的典型关系，CO_2 排放量常处于波动状态，经济与环境还没有完全形成协调可持续的发展。在缺乏有利环境政策约束的情况下，中国 CO_2 排放将不会随着经济增长而自动下降。许广月和宋德勇（2010）分别考察了全国以及西部、中部、东部的 CO_2 排放的 EKC 曲线的存在性问题，发现该曲线关系虽然在全国整体上及其东部和中部地区成立，但在西部地区不成立。施锦芳和吴学艳（2017）通过对比中国和日本的经济发展与 CO_2 排放的数据，发现中国和日本的 EKC 曲线都呈现出倒 N 形特征。

4.2.3 CO_2 排放与经济发展的局限性

国内外学术界对 CO_2 排放 EKC 曲线研究的现有文献为本书的研究提供了众多的理论借鉴，经过归纳和总结，笔者发现当前相关领域的研究仍然主要在以下几个方面存在不足。

（1）从数据类型看。在以往研究中，大多数学者所采用的是时间序列数据。但是与时间序列数据相比,面板数据能够为研究提供大量数据点,兼顾时间和截面两种维度,估计模型的异方差较小,自由度较高,同时还能降低解释变量间的共线性程度。因此,面板数据模型相对于时间序列数据模型具有明显的优势。

(2) 从研究视角看。目前多数文献采用 GDP 的二次项以及三次项来对经济增长与 CO_2 排放之间的关系进行研究,而忽略了经济的增长对 CO_2 排放的规模效应、技术效应与结构效应的影响,难以有效理清其背后所蕴含的影响机制。

(3) 从研究方法看。以往研究多局限于静态分析,然而潜在的内生性问题可能会导致固定效应模型的估计产生明显的偏误,所以传统的静态门限模型已经不再适用。而在动态门限研究方法中,一些学者只是简单地将被解释变量滞后一期作为解释变量,并依然使用固定效应模型做回归分析,这无法对工具变量选取的有效性以及残差序列的相关性进行检验,其本质依然是静态门限分析。此外,部分学者在使用静态门限(Bootstrap)模型抽样后,依据门限值强行将样本分割(外生分组)并使用 GMM 模型回归,这与门限回归内生分组的理念背道而驰,使得估计结果出现偏误。

4.3 CO_2 排放与经济发展关系的实证分析

中国是一个经济发展中国家,保证经济的发展速度是首要目标。近年来,随着经济的迅速增长以及工业化、城市化进程的加快,化石能源的消耗迅速增加,在以化石能源为主导的能源结构下,排放了大量的 CO_2。CO_2 排放是我国在经济发展过程中需要考虑的重要问题:如果只追求经济的发展速度,不注重碳减排,化石能源的大量使用会使得 CO_2 排放量急剧增加,造成环境问题;片面地追求 CO_2 减排必将对经济的发展形成制约,不利于国民经济福利的提高。我国正处在工业化和城市化水平快速发展时期,有必要对碳排放与经济发展相互关系以及影响因素进行研究,为既能保证经济的快速增长又能使 CO_2 排放量限定在一定水平的碳减排规模、减排方式及最优的经济发展速度提供理论支持。因此,本节以经济中各因素对碳排放的影响为切入点展开研究,定量分析中国的经济增长与 CO_2 排放之间关系,从而检验 CO_2 排放量 EKC 曲线是否存在。同时,在实证研究的基础上,分析哪些因素是可控的及哪些因素是经济发展的必要条件,分析将来的 CO_2 排放的趋势,为选择合理的 CO_2 减排途径提供依据。

4.3.1 CO_2 排放与经济增长的 EKC 关系检验

1. 基准模型推导

在研究 CO_2 排放与经济活动的关系中借鉴 Grossman 和 Krueger(1991)的研究方法,从规模、技术和结构三方面综合考虑经济活动对碳排放的影响,其基本模型如下。

$$E = Y \cdot T \cdot S \tag{4.3}$$

式中,E 表示 CO_2 排放量;Y、T 和 S 分别表示规模效应、技术效应和结构效应。

1）规模效应

经济发展一方面要增加资源的使用，其规模越大资源使用量则越多，另一方面更多的产出会带来污染排放量的增加。为了检验经济发展水平与 CO_2 排放之间是否存在 EKC 关系，本研究引入 GDP、GDP 的二次项（GDP^2）和三次项（GDP^3）。

$$Y=f(GDP,GDP^2,GDP^3) \tag{4.4}$$

2）技术效应

在经济增长过程中，技术进步会对环境产生两方面的影响：①技术进步会促进生产率的提高，降低单位产出资源使用量，弱化经济活动对环境的影响；②环保技术的开发与应用促进了资源的循环使用，降低单位产出的污染物排放。式（4.5）变量 T 中包含了技术进步的主要因素（RD）。由此可以得出

$$T=f(RD) \tag{4.5}$$

3）结构效应

现代经济增长中的高增长率总是与结构高变动相伴随，随着经济发展水平的提高，产出结构发生变化。早期以农业为主的经济结构在向工业经济社会转型中过多地依赖于资源与能源的使用，污染排放增加，环境质量下降。随着经济结构向以知识、技术密集型产业为主的方向转移，投入结构变化，产业结构中逐渐以第二、三产业为主，单位产出的 CO_2 排放水平下降，环境质量得到改善。由此可得到

$$S=f(STR) \tag{4.6}$$

根据微观经济学理论，规模型较大型企业所拥有的规模经济能够促使其增加研发投入与技术引进，推动产业结构的优化调整与升级，进而推动 CO_2 排放量的下降。综合上述分析，将式（4.4）、式（4.5）、式（4.6）代入式（4.3）可以得到如下公式。

$$E(CO_2)=Y(GDP,GDP^2,GDP^3)\cdot T(RD)\cdot S(STR) \tag{4.7}$$

对式（4.7）两边同时取对数，则可得到本研究的基本计量模型式（4.8）。

$$\ln CO_{2_{it}}=\beta_0+\beta_1\ln pgdp_{it}+\beta_2\ln pgdp_{it}^2+\beta_3\ln pgdp_{it}^3+\beta_4\ln str_{it}+\beta_5\ln rd_{it}+\alpha_i+\varepsilon_{it} \tag{4.8}$$

式中，i 表示省份（$i=1$，2，3…30）；t 表示时间；$CO_{2_{it}}$ 表示 CO_2 排放量；gdp_{it}、gdp_{it}^2、gdp_{it}^3 分别表示经济发展水平、经济发展水平的二次项与三次项，这里我们用人均 GDP（pgdp）来表示；str_{it} 和 rd_{it} 表示产业结构调整指数与研发投入强度；α_i 表示个体固定效应，其中 $\alpha_i=\mu_{it}+\upsilon_{it}$，$\mu_{it}$ 为地区固定效应，υ_{it} 为时间固定效应；ε_{it} 表示随机扰动项；β_0 和 β_1，β_2，…，β_5 分别表示常数项和待估参数。

考虑到 CO_2 排放可能会具有一定的时滞效应，即当期环境污染可能会受到前期的影响，本研究在计量模型中引入环境污染滞后一期变量 $\ln CO_{2_{it-1}}$，得到基准线性回归模型式（4.9）。

$$\ln CO_{2_{it}}=\beta_0+\beta_1\ln CO_{2_{it-1}}+\beta_2\ln pgdp_{it}+\beta_3\ln pgdp_{it}^2+\beta_4\ln pgdp_{it}^3+\beta_5\ln str_{it}+\beta_6\ln rd_{it}+\alpha_i+\varepsilon_{it} \tag{4.9}$$

基准回归分析只是验证了 EKC 在我国是否存在。由于中国地域广阔，区域间资源禀赋和经济发展水平各异，各地产业结构、技术水平相差较大。例如，东部地区经济发展程度比较高，第三产业占比较高，技术水平也处于领先地位，而中西部地区在这三方面要弱于东部地区。因此，经济增长对 CO_2 排放的影响可能会因为经济规模、产业结构与技术水

平（即规模效应、结构效应与技术效应）的不同而出现时间非线性或空间异质性特征，即随着中国各地区经济规模、产业结构与技术水平的不同经济增长对 CO_2 排放的影响可能存在"门限效应"。另外，发达国家较高的环境规制往往会倒逼本国环境污染水平较高的企业向环境管控标准较低的地区转移，而这些地区政府为吸引外资，促进本地区经济发展，往往会容忍技术水平低、能源利用效率低、CO_2 排放水平较高的企业存在；这种由于变量间内在联系而产生的内生性问题会导致估计结果有偏。为进一步验证以上假设，同时为规避潜在的内生性问题，本研究借鉴 Wu 等（2019）的研究，引入动态门限面板模型，以人均 GDP、产业结构和研发投入作为门限变量，将式（4.9）进一步改进为以下动态门限面板模型式（4.10）。

$$\ln pCO_{2_{it}} = \alpha + \beta_1 \ln CO_{2_{it-1}} + \beta_2 \ln pgdp_{it} \cdot I (q_{it} \leq c) + \beta_3 \ln pgdp_{it} \cdot I (q_{it} > c) \quad (4.10)$$
$$+ \beta_4 \ln str_{it} + \beta_5 \ln rd_{it} + \alpha_i + v_t + \varepsilon_{it}$$

式中，q_{it} 表示门限变量，包括人均 GDP（pgdp）、产业结构（str）和研发投入（rd），为简单起见，假设门限变量不随时间变化且外生；I 表示指标函数，c 为具体的门限值。在实际计算过程中，借鉴 Wu 等（2019）的方法对 Hansen（1999）静态面板模型进行扩展，运用 GMM 方法构造矩估计条件，将门限模型内嵌于 GMM 模型中，通过网格搜索算法确定门限值，得到动态 GMM 面板门限回归模型。相比先通过静态门限回归确定门限值再对样本外生分组进行 GMM 估计，该方法满足门槛回归内生分组的要求，且能够有效解决变量内生性问题，比现有静态门限回归分析更有效率。

2. 变量描述

（1）CO_2 排放（pco_2）。借鉴以往研究（Hao et al.，2015；Liu et al.，2018；Dong et al.，2018；Omri et al.，2019；Wang，2019），使用中国各地区人均 CO_2 排放量来表征 CO_2 排放，具体计算过程参见 4.1 节中关于中国 CO_2 排放的分析。

（2）经济发展水平（gdp）。工业革命以来，纵观世界经济发展历程，国家的经济发展总与环境污染相伴而生。尽管多数发达国家已跨越了 EKC 曲线的拐点，但多数发展中国家依然推崇以牺牲环境为代价换取经济的高速发展。为研究经济发展水平与 CO_2 排放之间的关系，根据以往研究（Hao et al.，2015），采用人均 GDP 作为解释变量反映地区的经济发展水平。为了检验经济发展水平与 CO_2 排放是否存在 EKC 曲线关系，引入 GDP 的二次项及三次项。

（3）产业结构（str）。产业结构的优化伴随着人口的转移、生活方式和消费习惯的不断转型升级，进而可以降低高耗能、高污染与高排放产业的占比，提高清洁行业与产业的占比。遵循以往研究（Cheng et al.，2018），采用第三产业占比表征产业结构，旨在反映产业内部的结构升级和服务化倾向。

（4）研发投入强度（rd）。研发强度直接反映了地区科技投入水平的高低。地区研发投入越多，研发强度越高，则该地区用于科技创新的资源越多，技术进步与经济发展方式转变的速度就越快。若将这些资源运用于环保技术的开发，则能直接促进污染排放量的降低。根据相关研究（任思雨等，2019），研发强度用地区研发经费投入占地区生产总值的比重来表示。

3. 数据来源与处理

本研究样本区间为 2003～2016 年，主要数据来源于《中国统计年鉴》《中国科技统计年鉴》《中国能源统计年鉴》和 Wind 数据库以及中华人民共和国国家统计局。考虑西藏数据大幅度缺失以及香港、澳门、台湾三地区数据的可获得性，研究对象为除西藏、香港、澳门、台湾之外的省份。为了确保数据的可比性，以 2003 年为基期对相关名义数据进行了平减处理。针对某些统计指标部分年份的数据缺失，采用均值法进行补齐。样本统计描述见表 4.1。

表 4.1 样本统计性描述

变量	符号	样本数量	均值	标准差	最小值	最大值
人均 CO_2 排放	pco_2	420	6.907	4.440	1.337	28.492
人均 GDP	pgdp	420	3.343	2.293	0.370	11.820
产业结构	str	420	0.419	0.085	0.283	0.802
研发投入强度	rd	420	1.525	1.047	0.210	6.080

4.3.2 经济增长与 CO_2 排放实证结果分析

1. 基准回归结果分析

利用 2003～2016 年中国 30 个省（自治区、直辖市）的平衡面板数据，分别采用 OLS、固定效应模型（FE）、随机效应（RE）对式（4.8）进行估计，应用两步系统广义矩估计（SYS-GMM）与两步差分广义矩估计（DIFF-GMM）对式（4.9）进行回归分析。OLS、FE 与 RE 回归结果表明（表 4.2），模型结果具有较高的拟合优度。DIFF-GMM 与 SYS-GMM 回归结果显示，碳排放滞后一期均在 1% 的水平上显著为正，说明中国 CO_2 排放受到前期影响，存在动态持续变化特征。由残差序列相关检验结果可知，AR（2）广义矩估计检验 P 值都大于 10% 的显著性水平，因此随机误差项不存在自相关，可以使用差分 GMM；由 Sargan 结果可知，所有检验结果均显示模型工具变量的选择有效；瓦尔德统计量也表明模型整体高度显著。因此，DIFF-GMM 与 SYS-GMM 的回归结果是可信的。此外，基准模型回归结果亦反映了以下问题。

静态面板估计结果表明，人均 GDP 与 CO_2 排放之间呈现倒 U 形关系，即人均 GDP 与 CO_2 排放之间呈现先增长后下降的发展态势。其原因可能在于，经济发展初期，随着工业化与城镇化的快速推进，能源消费不断增加，特别是碳基能源消费量大，粗放的经济发展方式导致了 CO_2 排放的总量和人均 CO_2 排放量迅速增加。随着环境污染日益增加，气温逐渐变暖，人们意识到可持续发展的重要性，进而调整和升级产业结构、提高能源利用效率，CO_2 排放量逐渐减少。此外，关于控制变量，OLS、FE、RE 与 DIFF-GMM 的回归结果中，第三产业的系数均至少在 10% 的水平上显著为负，说明第三产业的增加（结构效应）有助于抑制中国人均 CO_2 排放量的上升。而 SYS-GMM 回归结果中，产业机构的系数为负数，但是不显著。研发投入的系数在 OLS、FE、RE 与 DIFF-GMM 的回归结果中亦显著为负，表明技术效应的发挥有利于 CO_2 减排的实现。但 SYS-GMM 回归结果不显著。

表 4.2　基准模型估计结果

变量	OLS	FE	RE	DIFF-GMM	SYS-GMM
$lnpco_{2_{it-1}}$				0.065 ***	0.713 ***
				(3.068)	(15.529)
$lnpgdp$	0.475 ***	0.503 ***	0.503 ***	0.239 ***	0.115 **
	(5.612)	(18.686)	(18.705)	(5.442)	(2.302)
$lnpgdp^2$	0.187 *	0.132 ***	0.133 ***	0.329 ***	0.106 *
	(1.708)	(3.958)	(3.976)	(7.220)	(1.682)
$lnpgdp^3$	−0.066 *	−0.080 ***	−0.079 ***	−0.127 ***	−0.064 **
	(−1.674)	(−6.621)	(−6.613)	(−9.268)	(−2.566)
$lnstr$	−0.410 ***	−0.151 *	−0.156 *	−0.402 ***	−0.061
	(−2.589)	(−1.829)	(−1.905)	(−11.728)	(−1.166)
$lnrd$	−0.212 ***	−0.111 ***	−0.113 ***	−0.044 ***	−0.004
	(−5.008)	(−4.584)	(−4.713)	(−3.001)	(−0.450)
EKC 特征	倒 U 形	倒 U 形	倒 U 形	倒 U 形	倒 U 形
AR（1）/P 统计量				−0.97/ 0.334	−1.92/ 0.054
AR（2）/P 统计量				1.03/ 0.304	0.81/ 0.415
Hansen-test/P 统计量				26.29/ 0.392	25.94/ 0.968
$\_cons$	0.879 ***	1.169 ***	1.164 ***		0.372 ***
	(5.669)	(14.914)	(10.718)		(8.137)
R^2/Wald test	0.4278	0.8475	0.8475	2812.53 ***	37127.19 ***
N	420	420	420	360	390

注：括号中为 Z 或 t 统计量；*、** 和 *** 分别表示在 10%、5% 和 1% 水平上显著。

2. 碳排放与经济增长的时间非线性和空间异质性检验

1）动态门限效应检验与门限值的确定

基于动态门限面板模型 Wald 检验自抽样法（Bootstrap），在无门限效应假设条件下分别以人均 GDP、产业结构与研发投入为门限变量分别进行门限效应显著性检验，以此来验证经济增长与 CO_2 排放在不同规模效应、结构效应与技术效应下如何影响中国 CO_2 排放。由 Wald 统计量及其 P 值可知，以三种维度不同效应为门限变量的动态门限模型都在 1% 的显著性水平上拒绝了无门限效应的原假设，门限值明显，其门限值与置信区间见表 4.3。由此说明人均 GDP 对碳排放的影响因各省（自治区、直辖市）人均 GDP、产业结构与研发投入的不同而呈现出了一种非线性的特征。人均 GDP、产业结构与研发投入的门限值分别为 2.760、0.388 和 2.530。

表 4.3　动态门限效果自抽样检验

被解释变量	门限变量	门限值	Wald 统计量	P 值	抽样次数	95% 置信区间	
pco_2	pgdp	2.760	9.322 ***	0.000	1000	0.786	8.177
	str	0.388	5.367 ***	0.000	1000	0.332	0.577
	rd	2.530	0.764 ***	0.000	1000	0.520	3.620

注：*** 表示在 1% 的水平上显著。P 值以及临界值由 GMM 门限面板回归程序重复抽样 1000 次得到。Wald 统计量用于判断门限特征是否明显，其对应的概率越小，门限特征越明显。

2）动态门限估计结果

表 4.4 显示了两步 GMM 门限模型回归及其相关检验结果，其中三个模型分别是以人均 GDP、产业结构与研发投入为门限变量构造的。CO_2 排放滞后一期项系数均在 1% 的水平上显著为正，表明中国 CO_2 排放会受到前期影响，即存在惯性趋势。由残差序列相关检验结果可知，AR（2）检验 P 值都大于 10% 的显著性水平，即接受原假设，因此随机误差项不存在二阶自相关；Hansen 检验结果均表明模型工具变量的选择有效；Wald 统计量也表明模型整体高度显著。因此，动态门限模型的回归结果较为精确。

表 4.4　不同效应下的经济增长对碳排放影响的动态门限估计结果

变量	规模效应	结构效应	技术效应
$lnpco_{2it-1}$	0.126 ***	0.198 ***	0.238 ***
	(2.67)	(10.83)	(5.88)
lnpgdp（pgdp<C）	0.340 ***		
	(9.89)		
lnpgdp（pgdp≥C）	0.373 ***		
	(10.96)		
lnpgdp（str<C）		0.359 ***	
		(32.73)	
lnpgdp（str≥C）		0.320 ***	
		(16.27)	
lnpgdp（rd<C）			0.358 ***
			(12.76)
lnpgdp（rd≥C）			0.274 ***
			(7.12)
lnstr	−0.463 ***	−0.273 ***	−0.442 ***
	(−7.38)	(−2.87)	(−6.23)

续表

变量	规模效应	结构效应	技术效应
lnrd	-0.029^{***} (-4.96)	-0.021^{***} (-2.86)	-0.025^{***} (-2.77)
AR（1）/P 统计量	$-1.28/0.200$	$-1.52/0.128$	$-1.94/0.052$
AR（2）/P 统计量	$1.14/0.253$	$1.05/0.295$	$0.88/0.377$
Hansen-test/P 统计量	$24.62/0.136$	$29.17/0.352$	$19.35/0.499$
N	360	360	360

注：*** 表示在 1% 的水平上显著。（）内为 Z 值。以上结果由 xtabond2 两步差分 GMM 门限模型回归得出。

规模效应回归结果表明，人均 GDP 对我国 CO_2 排放的影响存在显著的经济规模门限效应。当经济规模即人均 GDP 小于门限值 2.760 时，人均 GDP 对我国 CO_2 排放的影响在 1% 的置信水平上显著为正（0.340）；当经济规模大于门限值 2.760 时，人均 GDP 的估计系数增大（0.373），且同样在 1% 的置信水平上显著。这一结果说明，经济增长显著促进了中国 CO_2 排放的增加，而在经济规模较高的地区经济增长对 CO_2 排放的促进作用更大。其原因可能在于，在人均 GDP 比较低的地区，其经济发展程度低，工业化与城市化进程缓慢，在发展过程中消耗了较少的能源与资源，排放了相对较少的 CO_2。而在人均 GDP 比较高的地区，通常来讲都是我国经济发展程度比较高的地区，这些地区第二、第三产业占比较高，且第三产业中的交通运输业亦会带来大量的 CO_2 排放，因此 CO_2 排放量较高。

结构效应回归结果表明，人均 GDP 对我国碳排放的影响存在显著的经济结构门限效应。当产业结构中第三产业占比低于门限值 0.388 时，产业结构对 CO_2 排放的影响系数为 0.359，且通过了 1% 水平的显著性检验。此结果说明经济增长显著促进了中国的 CO_2 排放。当产业结构中第三产业占比高于门限值 0.388 时，产业结构对 CO_2 排放的影响系数为 0.320，在 1% 的置信水平上显著。说明当第三产业占比比较高时，经济增长对 CO_2 排放的影响显著减小，结构效应明显。其原因可能在于，首先，随着产业结构的优化升级，高耗能、高污染、高排放的传统产业比重逐步下降，资源逐渐从低效率产业转向高效低污染产业。因而，实现了减少污染物排放和改善生态环境的目的。其次，以服务业为主的第三产业在发展过程中对化石能源的消耗比较少。此外，随着第三产业的发展，城市教育和科技水平不断提高，居民教育水平提高，提高了生活质量要求，因此会要求更加严格的环境管制标准。因此，第三产业占比的增加有利于实现节能减排。

技术效应回归结果表明，人均 GDP 对我国 CO_2 排放的影响存在显著的研发强度门限效应。当研发强度低于门限值 2.530 时，产业结构对 CO_2 排放的影响系数为 0.358，且通过了 1% 水平的显著性检验。当研发强度高于门限值 2.530 时，产业结构对 CO_2 排放的影响系数为 0.274，在 1% 的置信水平上显著。结果表明经济增长显著促进了中国的 CO_2 排放。然而当研发强度比较高时，经济增长对 CO_2 排放的影响显著减小，技术效应明显。其原因可能在于，研发投入的不断增加，企业研发资金更加充足，研发水平不断提升，技术水平随之提高。从节流的角度来讲，技术水平的提升一方面能够提高企业化石能源的利用效率，实现资源的循环利用，逐渐实现工业企业的集约化发展、清洁化发展。另一方面技术的提升可以为企业研究开发新能源提供便利，新能源以及清洁能源对传统能源的替代会促进 CO_2 排放的减少。

4.4 本章小结

本章应用 OLS、FE、RE、DIFF-GMM 和 SYS-GMM 检验经济增长与 CO_2 排放之间的关系，以此来验证 CO_2 排放的 EKC 曲线在中国是否存在。实证结果表明，五种模型的回归结果均证明了中国经济增长与 CO_2 排放之间呈现倒 U 形特征，CO_2 排放的 EKC 曲线存在于中国。此外，我们开发了一个结合传统门限面板模型与 GMM 方法的动态门限面板模型来检验不同规模效应、结构效应与技术效应下经济增长与 CO_2 排放之间的非线性关系。结果表明，经济增长显著促进了中国 CO_2 排放的增加，但这种促进效应随着经济规模增大而提高，随着第三产业占比（结构效应）与技术效应的提升而下降。基于此，我们强调以下政策建议。

（1）改变能源消费结构，提高能源的利用效率。加大高碳能源低碳化的转变，大力推广和使用洁净煤技术，加强煤炭的加工技术升级，从而降低 CO_2 及烟粉尘的排放量。通过经济手段，对煤炭的定价机制进行改革。以市场需求为导向的定价机制可激励煤炭相关企业采用新技术，加大技术的投入，从而提高煤炭资源的使用效率。交通运输业是能源消耗的一大领域，也带来了较多的废气排放，因此，应该制定相关政策引导交通行业能源消费结构的升级，鼓励在交通运输业使用清洁能源，减少交通尾气的排放。居民能源消费也会造成环境污染，尤其冬季中国北方居民烧煤供暖导致的环境污染仍然严重。因此，政府应加快建设以清洁能源为主的供暖基础设施，减少传统煤炭供暖的比例。

（2）转变粗放型的工业发展方式，大力发展绿色产业。通过优化存量、控制增量的途径来转变工业发展方式，从而构建绿色的产业体系。优化存量方面，对现有企业的工业生产进行优化配置，不断地推广和使用各种新工艺、新技术、新设备，逐渐实现工业企业的集约化发展、清洁化发展。关于控制增量，根据具体情况建立一种差别化的产业进入机制。对于那些新增的煤炭、钢铁、水泥、火电、化学等高污染、高能耗、高排放的企业，提高其市场准入门槛。同时，政府加大对绿色产业及节能环保产业的扶持力度，鼓励这些生产企业进行自主创新，加大对这些产业的技术与资金投入；并在政策上予以倾斜，为企业提供优惠的财税政策。以财政资助的形式推动企业研发绿色环保新技术，转变企业"末端治理"模式，加快培育绿色节能环保产业，以此来带动其他产业实行绿色发展。

（3）大力发展第三产业，优化产业结构，推动产业结构升级。具体而言，首先，对高污染、高能耗、高排放的产业予以取缔淘汰，以减少污染物的排放，实现改善大气环境质量的目的。其次，不断优化劳动密集型、资本密集型、技术密集型的比重，加大对环保产业的财政投入，给予政策上的倾斜，促进其发展。再次，促进产业的不断创新，加大科学技术的研发，发挥后发国家的优势，引进、吸收国外的先进技术，通过这些高新技术对传统产业技术进行改造升级，从而走出我国在产业格局中低端锁定的困境，促进那些新兴产业，或者是节能环保产业的不断发展。最后，加快产业转型，走新型工业化道路，大力发展现代服务业、高新技术产业等低碳产业，加强科学技术的应用，加强现代信息通信技术在生产、物流等领域的应用，逐渐形成现代产业体系，从而减少工业化、城市化发展对大气环境的影响。

（4）政策制定应考虑地区差异。由于中国地域广阔，区域间资源禀赋和经济发展水平各异，各地产业结构、技术水平相差较大。例如，东部地区经济发展程度比较高，第三产业占比较高，技术水平也处于领先地位。而中西部地区在这三方面要弱于东部地区。因此，环保政策的制定具有地区差异性。对于东部发达地区，因其已进入工业化后期、城市化水平较高、服务业占比较高，所以制定较高的企业准入门槛和较高的环境规制标准；对于经济相对落后的中西部地区，因大力发展经济、提高居民生活水平、加快城市化进程仍然是其现阶段最重要的目标，所以积极吸取东部发达地区的发展经验，以避免走先污染后治理的道路。

参 考 文 献

杜立民.2010. 我国二氧化碳排放的影响因素：基于省级面板数据的研究,（11）：22-35.

杜婷婷，毛锋，罗锐.2007. 中国经济增长与 CO_2 排放演化探析. 中国人口·资源与环境,（2）：94-99.

付加锋，高庆先，师华定.2008. 基于生产与消费视角的 CO_2 环境库兹涅茨曲线的实证研究. 气候变化研究进展,（6）：376-381.

国家气候变化对策协调小组办公室.2007. 中国温室气体清单研究·中国环境. 北京：科学出版社.

胡初枝，黄贤金，钟太洋，等.2008. 中国碳排放特征及其动态演进分析. 中国人口.资源与环境,（3）：38-42.

林伯强，蒋竺均.2009. 中国二氧化碳的环境库兹涅茨曲线预测及影响因素分析. 管理世界,（4）：27-36.

刘华军，闫庆悦，孙曰瑶.2011. 中国二氧化碳排放的环境库兹涅茨曲线——基于时间序列与面板数据的经验估计. 中国科技论坛,（4）：108-113.

刘扬，陈劭锋.2009. 基于 IPAT 方程的典型发达国家经济增长与碳排放关系研究. 生态经济,（11）：28-30.

马丽珠，陈建中，刘丽萍，等.2010. 昆明市特征污染物增长的环境库兹涅茨特征研究. 四川环境, 29（1）：84-86, 90.

任思雨，吴海涛，冉启英.2019. 对外直接投资、制度环境与绿色全要素生产率——基于广义分位数与动态门限面板模型的实证研究. 国际商务（对外经济贸易大学学报）,（3）：83-96.

施锦芳，吴学艳.2017. 中日经济增长与碳排放关系比较——基于 EKC 曲线理论的实证分析. 现代日本经济,（1）：81-94.

魏下海，余玲铮.2011. 空间依赖、碳排放与经济增长——重新解读中国的 EKC 假说. 探索,（1）：100-105.

许广月，宋德勇.2010. 中国碳排放环境库兹涅茨曲线的实证研究——基于省域面板数据. 中国工业经济,（5）：37-47.

Agras J, Chapman D. 1999. A dynamic approach to the environmental Kuznets curve hypothesis. Ecological Economics, 28（2）：267-277.

Azam M, Khan A Q. 2016. Testing the environmental Kuznets curve hypothesis：a comparative empirical study for low, lower middle, upper middle and high income countries. Renewable and Sustainable Energy Reviews, 63：556-567.

Cheng Z, Li L, Liu J. 2018. Industrial structure, technical progress and carbon intensity in China's provinces. Renewable and Sustainable Energy Reviews, 81: 2935-2946.

Dong K, Sun R, Dong X. 2018. CO_2 emissions, natural gas and renewables, economic growth: assessing the evidence from China. Science of the Total Environment, 640: 293-302.

Edenhofer O, Seyboth K. 2013. Intergovernmental Panel of Climate Change (IPCC). Encyclopedia of Energy, Natural Resoarce, and Environmental Economics, (1): 48-56.

Galeotti M, Lanza A. 1999. Richer and cleaner? A study on carbon dioxide emissions in developing countries. Energy Policy, 27 (10): 565-573.

Grossman G M, Krueger A B. 1991. Environmental impacts of a North American free trade agreement (No. w3914). National Bureau of Economic Research.

Hansen B E. 1999. Threshold effects in non-dynamic panels: estimation, testing, and inference. Journal of Econometrics, 93 (2): 345-368.

Hao Y, Zhang Q, Zhong M, et al. 2015. Is there convergence in per capita SO_2 emissions in China? An empirical study using city-level panel data. Journal of Cleaner Production, 108: 944-954.

He J, Richard P. 2010. Environmental Kuznets curve for CO_2 in Canada. Ecological Economics, 69 (5): 1083-1093.

Jalil A, Mahmud S F. 2009. Environment Kuznets curve for CO_2 emissions: a cointegration analysis for China. Energy Policy, 37 (12): 5167-5172.

Kanjilal K, Ghosh S. 2013. Environmental Kuznet's curve for India: evidence from tests for cointegration with unknown structuralbreaks. Energy Policy, 56: 509-515.

Lantz V, Feng Q. 2006. Assessing income, population, and technology impacts on CO_2 emissions in Canada: where's the EKC? Ecological Economics, 57 (2): 229-238.

Liu C, Hong T, Li H, et al. 2018. From club convergence of per capita industrial pollutant emissions to industrial transfer effects: an empirical study across 285 cities in China. Energy Policy, 121: 300-313.

Omri A, Euchi J, Hasaballah A H, et al. 2019. Determinants of environmental sustainability: evidence from Saudi Arabia. Science of The Total Environment, 657: 1592-1601.

Onafowora O A, Owoye O. 2014. Bounds testing approach to analysis of the environment Kuznets curve hypothesis. Energy Economics, 44: 47-62.

Richmond A K, Kaufmann R K. 2006. Is there a turning point in the relationship between income and energy use and/or carbon emissions? Ecological Economics, 56 (2): 176-189.

Roca J, Alcántara V. 2001. Energy intensity, CO_2 emissions and the environmental Kuznets curve. the spanish case. Energy Policy, 29 (7): 553-556.

Selden T M, Song D. 1994. Environmental quality and development: is there a Kuznets curve for air pollution emissions? Journal of Environmental Economics and Management, 27 (2): 147-162.

Shahbaz M, Tiwari A K, Nasir M. 2013. The effects of financial development, economic growth, coal consumption and trade openness on CO_2 emissions in South Africa. Energy Policy, 61: 1452-1459.

Wang Z. 2019. Does biomass energy consumption help to control environmental pollution? Evidence from BRICS countries. Science of the Total Environment, 670: 1075-1083.

Wu H, Hao Y, Weng J H. 2019. How does energy consumption affect China's urbanization? New evidence from dynamic threshold panel models. Energy Policy, 127: 24-38.

|第5章|　　中国水资源的环境库兹涅茨曲线研究

水资源与经济发展之间密不可分。经济发展是水资源需求的驱动力之一，用水量随着经济发展可能会经历增加、平稳然后下降的趋势，类似环境库兹涅茨曲线（EKC 曲线）的路径特征。然而，水资源的短缺会限制经济的发展，即水资源与经济增长之间可能存在双向影响作用。所以，水资源与经济的关系究竟呈怎样的变化趋势？我国水资源 EKC 曲线是否存在？如果存在，拐点位置如何？如果不存在，它们之间关系曲线的形状如何？水资源利用与经济发展水平之间是否存在联系？中国用水变化趋势与国际是否有差异？本章围绕上述问题，从以下几个方面讨论。

- 水资源与经济的关系究竟呈怎样的变化趋势？
- 我国水资源 EKC 曲线是否存在？
- 水资源利用与经济发展水平之间是否存在联系？
- 中国用水变化趋势与国际是否有差异？

5.1　水资源利用现状概述

5.1.1　水资源与经济发展

水资源与经济发展密不可分。水资源是全球公认的焦点问题，不仅在生态系统中发挥基础性资源的作用（Xu et al., 2015），而且作为战略性的经济资源，对国民经济和社会发展具有全局性和长远性影响（Gleick, 1998; Duarte et al., 2013）。经济活动是水资源需求的主要驱动力之一。例如，煤炭、化工、钢铁、有色金属、制药、造纸等高耗水以及资源依赖较强的产业造成大量水资源的消耗。从用水结构来看，对水的需求主要来自农业、工业和生活用水。农业用水包括农田灌溉用水和林牧渔用水；工业用水为其取用的新鲜水量，不包括企业内部的重复利用量；生活用水包括城镇居民、公共用水和农村居民、牲畜用水。

水资源和经济活动的影响是双向的。除了经济活动导致水资源消耗之外，水资源短缺也会对经济活动产生影响。例如，水资源严重短缺的地区，依赖水资源作为生产要素的行业（如电力、燃气等）会受到不同程度的影响，且由于水资源造成的生产风险易于通过供应链传导至下游。随着人口的增长和经济的发展，人类对水的需求增长越来越快，水资源在世界范围内出现短缺。据 2018 年联合国世界水发展报告统计，全球每年的需水量约为 4600km³，预计到 2050 年将增加 20% ~ 30%，达到每年 5500 ~ 6000km³（Burek et al.,

2016）。一些政府、国际发展机构和研究人员指出，全球水资源短缺是一个潜在的严重的经济、健康甚至安全的问题。因此，水资源与经济发展之间的相互关系已成为国际社会关注的热点问题。

2010 年，全球地下水每年使用量达到 800km³，其中印度、美国、中国、伊朗和巴基斯坦五个国家的抽取量占全球总抽取量的 67%（Burek et al., 2016）。地下水主要用于农业灌溉，且灌溉取水已被证实是造成全球地下水枯竭的主要原因之一。根据联合国可持续发展委员会（UNCSD）预测，2050 年，地下水的抽取量会较 2010 年增加 39%。除农业领域需求量上涨以外，工业领域使用的淡水资源将大量增加；随着全球城市化进程加快，城市市政用水与卫生系统用水也将呈增长态势。世界水理事会估计，大约 40% 的世界人口面临水资源短缺，到 2025 年，这一比例可能达到 50%。许多国家将陷入缺水困境，经济发展也将受到制约。

图 5.1 比较了 19 个代表性国家 2002 年和 2012 年的人均淡水抽取量，由图可知，人均水资源消耗在不同国家之间波动显著。2012 年，美国人均淡水抽取量最高（1546.5m³），约是东欧国家罗马尼亚的 5 倍（323.2m³）。中国人均水资源消耗量在 19 个代表国家中位列 16。新西兰在十年间的年平均增长率最高（4.02%），澳大利亚的年平均增长率最低（-4.39%）。此外，大多数发达国家（如美国、日本、德国等）2012 年人均水资源消耗水平低于 2002 年的，这在一定程度上反映了节水技术的进步和相关政策的有效性。而多数发展中国家都有相反的趋势，表明近几年来发展中国家的水资源压力很大。大多数缺水的人生活在发展中国家，且发展中国家的水资源压力在未来几年内将在规模和地理范围上逐步扩大。

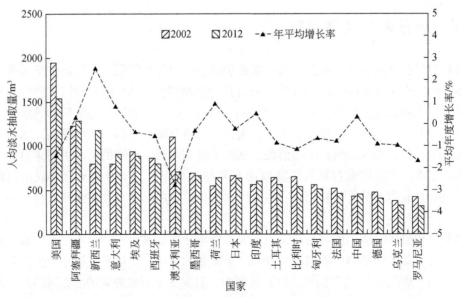

图 5.1 19 个国家 2002 年和 2012 年的人均淡水抽取量及平均年度增长率
据世界银行数据库

5.1.2 中国用水量变化趋势

改革开放以来，我国经济保持高速增长，但是经济增长依赖资源物质的投入。随着工业的不断发展和城市化进程的深入，资源环境供给压力增大，我国国内用水量急剧增加。据国家统计局统计，2016 年全国总用水量为 6040 亿 m^3，比 1993 年增长了 842 亿 m^3，年均增长率为 0.66%。可见，我国用水量呈现持续增长趋势。近年来，许多城市出现不同程度的水资源短缺。根据国际水资源安全标准，人均水资源低于 3000m^3 为轻度缺水，低于 2000m^3 为中度缺水，低于 1000m^3 为重度缺水，低于 500m^3 为极度缺水。2016 年，我国有 4 个省（自治区、直辖市）重度缺水，8 个省（自治区、直辖市）极度缺水；京津冀人均水资源仅为 187.6m^3，为全国人均（2354.9m^3）的 1/12，远低于国际公认的人均 500m^3 的"极度缺水"标准。可见，中国水资源在时空分布上具有不平衡性和稀缺性。目前，中国被认为是全球 13 个人均水资源量最贫乏的国家之一。水资源短缺成为威胁中国经济可持续发展的重大问题。

图 5.2 展示了我国 1997~2016 年用水总量、农业用水量、工业用水量及生活用水量的变动情况，直观反映了用水量有先下降、后上升、再下降的趋势，即倒 N 形特征。从整体上看，样本期间内，用水量呈上升的趋势。例如，2016 年的用水量为 6040.4 亿 m^3，较 1997 年增加了 474.4 亿 m^3。由于农业用水量在用水总量中所占比重较大，所以农业用水与用水总量二者的变动趋势相似，呈倒 N 形形态。工业用水量总体处于上升的趋势，其间部分年份出现下降的情况，变动趋势近似倒 U 形。生活用水量总体处于逐年上升的趋势，2016 年生活用水量比 1997 年增加了 296.6 亿 m^3，年均增长率为 2.39%。此外，可以看出，随着我国经济的发展，用水结构也发生了很大变化。农业用水比例逐年下降，而工业和生活用水所占比例逐年上升。据《中国水资源公报》（1997，2016）统计数据，农业用水量占总用水量的比例从 70.4%（1997 年）下降至 62.4%（2016 年）；工业用水量占总用水量的比例从 20.1%（1997 年）上升至 21.7%（2016 年）；生活用水量占总用水量的比例从 9.4%（1997 年）上升至 13.6%（2016 年）。

通过比较分析 1999 年和 2016 年中国 31 个省（自治区、直辖市）（香港、澳门、台湾除外）人均用水量，我们可以明显观察到两个特征。第一，不同省（自治区、直辖市）的人均用水量存在很大的差异。例如，2016 年，人均用水量最低的地区为天津市（175m^3），新疆人均用水量最高（2377m^3）。第二，在 1999~2016 年期间，一半的省（自治区、直辖市）的用水量有上升的趋势。例如，安徽省人均用水量增加了近 47%，从 1999 年的 320m^3 增加到 2016 年的 471m^3。此外，虽然包含京津冀、上海等地区在内的 16 个省（自治区、直辖市）的人均用水量呈下降的趋势，但用水形势依旧不容乐观。中国水资源污染问题日益突出。据《中国环境状况公报》（1990，2016）数据，全国废水排放量由 1990 年的 354 亿 t 增加至 2016 年的 711 亿 t，多数城市地下水受到一定程度污染，并且污染程度有逐年加重的趋势。日趋严重的水污染不仅降低了水资源的使用功能，进一步加剧了水资源短缺的矛盾，而且严重威胁到城市居民的饮水安全和健康，成为中国面临的最主要的生

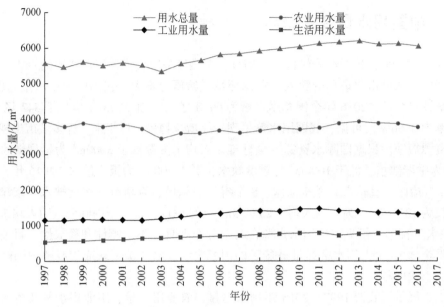

图 5.2　1997～2016 年中国年度用水总量、农业用水量、工业用水量及生活用水量

据《中国水资源公报（1997～2016）》

态和社会经济问题之一。由此可见，可利用水资源的有限，加之水污染、水浪费、水生态恶化及气候变暖等原因，水资源短缺的危机加剧。中国未来用水形势仍颇为严峻。

相比美国、澳大利亚等发达国家的总用水量随着经济增长而趋于稳定并出现下降趋势，我国粗放的经济增长模式大量消耗自然资源加剧了水资源紧张局势，尤其是在水资源不足的地区，如京津冀和长三角地区。一些学者预计中国未来用水压力将会增加（Jia et al., 2006；Jiang, 2009）。水资源短缺严重限制了中国经济和社会的可持续发展。在此背景下，我国政府实施了最严格的水资源管理政策，强化水资源管理制度，控制水资源的消耗量和消耗强度。国家发展改革委员会发布《实行最严格水资源管理制度考核办法》《节水型社会建设"十三五"规划》《"十三五"水资源消耗总量和强度双控行动方案》和《全民节水行动计划》，旨在进一步控制水资源消耗，以促进经济发展方式和用水方式转变，缓解经济增长与水资源使用的矛盾。因此，探讨用水量与经济增长之间的关系，对缓解水资源危机和支持经济转型具有重要的理论和实践意义。

5.2　水资源环境库兹涅茨曲线的概述

5.2.1　国外研究状况

虽然用水量的增加在许多国家都是一个明显的趋势，但一些发达国家的用水量在经济发展和收入增加时经历了增加、平稳，然后下降的趋势，这种倒 U 形演变模式类似 EKC

的路径特征。具体而言，在经济发展初期，由于节约保护水资源的可觉边际收益较小，国家致力于经济快速发展带来的巨大收益，以粗放开发利用水资源从而忽视了水资源开发利用的效率。但随着国民经济发展和人均收入的升高，水资源越来越稀缺，物质产品的边际效益递减，水资源的保护受到重视。所以，到达某个临界点（拐点）后，随着经济的进一步发展，用水量与经济发展的关系进入负相关阶段（Serrano and Valbuena，2017）。其中，通过技术创新、经济结构调整、水价提升等措施提高各产业部门用水效率是倒 U 形 EKC 曲线拐点出现的原因（贾绍凤等，2004；张陈俊和章恒全，2014；张兵兵和沈满洪，2016）。

然而，由于国家或地区层面的数据集的缺失、相对丰富的水资源及其他因素的限制，针对水资源利用与经济发展水平关系的分析研究相对较少（Cole，2004；Hemati et al.，2011；Duarte et al.，2013）。国外研究结果大多是证实了水资源 EKC 曲线的存在，即用水量随着经济的增长先上升后下降。例如，在支持水资源 EKC 曲线存在的研究中，Rock（1998）开创性地将 EKC 曲线运用到水资源领域，验证了美国州际人均取水量、人均耗水量和人均收入之间存在倒 U 形曲线关系，与 EKC 曲线假说保持一致。Cole（2004）与Duarte 等（2013）从规模效应、结构效应和技术效应角度，验证了用水量 EKC 曲线的存在。Cole（2004）仅利用传统的面板模型分析，Duarte 等（2013）在此基础上加入面板平滑转换（Panel Smooth Transition Regression，PSTR）模型分析，但由于模型设定、控制变量设定等原因，两个研究的曲线形状与转折点有较大差异。Jia 等（2006）在 20 个发展中国家的人均 GDP 与工业用水的变动趋势结果中发现符合倒 U 形曲线特征的变动趋势。Hemati 等（2011）和 Gu 等（2017）得出在工业部门用水和经济增长之间存在倒 U 形关系的 EKC 曲线的结论。然而，EKC 曲线转折点对应的人均 GDP 却有显著差异。这一结果表明，EKC 曲线的稳健性可能存在一些问题。相反，Gleick（2003）从数据分布的角度（无统计分析）直观地表明用水量与经济增长之间没有明显的关系，但是其研究结论受到部分学者的质疑（Katz，2015）。在近期研究中，Katz（2015）在最近的一项研究中分别使用了横截面、面板和非参数模型分析估计经济增长对经济合作与发展组织（Organization for Economic Co-operation and Development，OECD）成员国和美国用水的影响。然而，Katz（2015）的实证结果很大程度上依赖于回归模型的设定和样本量，这表明 EKC 曲线存在的有效性仍然值得商榷。Bao 和 He（2015）支持经济增长与总用水量之间的关系是模糊的（正、负或不显著）这一结论。因此，EKC 曲线是否存在于水资源的使用和经济发展之间，仍然是一个问题。

5.2.2　国内研究状况

水资源与经济发展之间关系的研究在我国起步较晚。近年来，很多学者对我国的水资源 EKC 曲线做了大量实证检验，但并未得到一致的结论。在支持中国水资源 EKC 曲线存在的研究中，张陈俊等（2015）与李强等（2015）利用简约式的线性函数、二次函数和三次函数模型分别检验了我国类别用水的 EKC 曲线的存在性。此外，由于我国类别用水量差别较大，国内学者对于水资源 EKC 曲线的研究多是集中于某一具体类别用水。在工业用水方面，贾绍凤等（2004）研究发现，发展中国家工业用水的规律符合 EKC 曲线特征，规律与发达国家一致；张陈俊和章恒全（2014）、张月等（2017）分别验证了我国东中西部与国内八大经济区域的工业用水 EKC 曲线特征，结果发现不同地区的下降区间的转折点位置存在差异。在农业用水方面，刘渝等（2008）验证了我国农业用水与经济增长基本上符合 EKC 曲线特征，且我国农业用水目前处于下降阶段，但降速缓慢。

相反，有部分学者的研究表明我国水资源 EKC 曲线并不存在。例如，王璇（2012）利用省级面板数据发现我国东、中、西部地区经济增长与工业用水之间不符合一般的 EKC 曲线特征；郑慧祥子和田贵良（2015）基于我国 2004～2013 年的经济数据，发现我国用水量与经济增长之间并不符合典型的倒 U 形 EKC 曲线特征，而是呈 U+倒 U 形。鲁晓东等（2016）通过分析了 80 个城市，发现其水资源质量变化与经济之间不存在 EKC 曲线特征，且不同流域的形态不完全相同。张兵兵和沈满洪（2016）拟合了全国及东、中、西部地区的工业用水数据，结果发现，东部地区的关系曲线呈现倒 U 形，中部地区的呈现 N 形，而全国和西部地区近似满足单调递增的关系。基于现有的研究，我们可以看出水资源 EKC 曲线的结果类似环境污染物指标（工业废弃物、空气污染物 SO_2 和 NO_x 等）的 EKC 曲线研究结论（Hettige et al.，1998；林伯强和蒋竺均，2009；张红凤等，2009），水资源与经济增长之间的关系呈现差异形态。即水资源与经济增长之间并不是都存在单一的倒 U 形 EKC 曲线关系，很多文献结论支持单调递增、U 形、双拐点的 N 形或倒 N 形的存在。正如张兵兵和沈满洪（2016）指出，EKC 曲线只是客观现象，而不是必然规律。

5.2.3　水资源与经济发展的局限性

随着水资源 EKC 曲线研究的不断深入，选用数据由时间序列或截面序列向面板数据过渡，模型由简单二次曲线模型向三次曲线模型和其他模型转换，以精确地描述用水量与经济发展之间的演变。但在水资源 EKC 曲线研究领域中，现有的研究仍主要在以下几个方面存在不足。

（1）已有的研究普遍没有考虑水资源与经济增长之间可能存在的双向因果关系，因而直接用单方程模型进行估计，这很可能因为内生性的存在而产生偏误。水资源利用与经济增长之间可能存在双向因果及长期均衡的关系。例如，邓朝晖等（2012）利用 VAR 模型验证了中国经济增长与用水总量、工业用水和生活用水之间存在双向动态关系；潘丹和应瑞瑶（2012）、许永欣和马骏（2017）分析得到农业用水和农业经济增长存在长期协整关系。Binti Borhan 和 Musa Ahmed（2010）指出，在同时考虑水资源利用方程和经济发展方程的情况下，对水资源 EKC 曲线的实证研究更为合适。

（2）主要关注人均 GDP 所代表的经济增长对用水量的影响，然而影响水资源使用的其他社会经济因素由于其内生性被有意识地忽略（Selden and Song，1994；Longo and York，2009）。水资源利用涉及社会、经济、文化等多种因素的影响。在部分 EKC 曲线研究中，学者加入相关控制变量，如经济结构、技术进步、国际贸易、人口和国家政策等（Taskin and Zaim，2001；Duarte et al.，2014）。控制变量的加入使得水资源与经济发展之间的相互关系能得到更精确的测算（Woodbridge，2010）。例如，产业结构可能是影响水资源使用的重要因素，一方面，在大多数国家，农业部门是对水资源需求量最大的产业（如 2016 年中国农业用水量占到全部用水量的 62.4%）；另一方面，多数国家经历过经济结构的转变，水资源的需求很可能受产业结构的较大影响。

（3）研究的用水类别不够全面。不同行业或产业用水差别较大，然而，目前多数水资源 EKC 曲线文献中，只是单独研究总用水量或是某一部门用水（农业、工业或生活用水）的变化趋势，缺少不同类别用水的对比分析。

5.3 水资源利用与经济发展关系的实证分析

衡量水资源利用的指标可以分为用水量和采水量。因部分采水量会回到原始来源，如发电厂冷却水，故利用采水量作为水资源的利用指标具有较大偏误（Gleick，2000）。用水量指分配给用户的包括输水损失在内的毛用水量，按农业、工业、生活三大用户统计。近年来，伴随着经济的高速增长，我国国内水资源过度消耗，水资源短缺问题在规模和地域范围上持续恶化，水资源短缺已经成为部分城市经济可持续发展的障碍。在此背景下，我国政府积极促进节约用水、发展节水技术、大力改善用水环境，缓解经济增长与水资源利用之间的矛盾。因此，本节以用水量作为水资源利用研究的切入点展开研究，定量分析中国水资源利用水平与经济发展水平的变化关系，以检验水资源 EKC 曲线是否存在。

5.3.1 用水量与经济增长的 EKC 曲线关系检验

将用水量分为工业用水和非工业用水。非工业用水为生活、农业和生态环境三类用水之和；其中生态环境用水量我国统计局仅从 2003 年起开始统计，农业用水量在非工业用水总量中占相对较高的比例。为了减少人口因素对分析结果的影响，这里采用人均用水作为因变量。同时分别考察人均工业用水和人均非工业用水两个用水指标，以更加准确地反映出不同结构部门用水量的变化。用水量数据来源于《中国统计年鉴》（1999~2016）中29 个省（自治区、直辖市）（重庆市的数据并入四川省，暂不含港、澳、台和西藏数据）用水情况，部分缺失的数据通过《中国水资源公报》（2002~2016）以及各地区水资源公报（1999~2001）进行补充。

选择经济发展水平、人口规模、贸易开放程度、产业结构、水资源禀赋和资本存量六个因素作为控制变量展开研究，数据均来源于《中国统计年鉴》（1999~2016）。

（1）经济发展水平。采用各省（自治区、直辖市）人均实际 GDP 表示各地区经济发展水平。为消除省际人均名义 GDP 通货膨胀的影响，以 1978 年为基年，并设定 1978 年的GDP 为 100，使各省（自治区、直辖市）人均 GDP 在时间上和空间上具有可比性。各省（自治区、直辖市）GDP 数据、人口数据均来源于《中国统计年鉴》（1999~2016）。

（2）人口规模。本节采用人口密度表征人口规模。人口密度对水资源的利用存在直接和间接关系，但其影响存在不确定性（Duarte et al.，2014）。一方面在人口密度较大的地区，居民基本生活对水资源的需求呈增长趋势（Nakicenovic et al.，2000；Shiklomanov，2000）；另一方面，通常人口密度较大的地区的城镇化和工业化水平较高，通过科技进步和节水措施大力开展的共同作用可以有效地减小用水压力，使 EKC 曲线较早出现转折点或形状相对扁平（Thompson，2013；Duarte et al.，2014；Hao et al.，2015）。

（3）贸易开放程度。不同地区的贸易自由化程度不同，这是导致对水资源的需求存在差异的因素之一（Taskin and Zaim，2001）。经济发展水平较高的地区通过进口高耗水产品或产业转移至他国，以减少本地区产品制造对水资源的需求量（Katz，2008），从而促使本地区用水量的降低。因此，使用进出口贸易总额与当期 GDP 的比重表征贸易开放度。

（4）产业结构。选择第二产业增加值占 GDP 的比重表征产业结构变化对用水量的影响。经济发展初期，粗放式经济发展模式导致水资源过度消耗。随着经济发展水平的提高，经济活动由低效率高耗水的重工业逐渐向高效率低用水的服务业、信息业等转变，减少了用水需求，进而降低了用水量（Serrano and Valbuena，2017）。

（5）水资源禀赋。采用人均水资源占有量衡量区域水资源丰富度。区域水资源不平衡导致水资源利用的数量、结构和效率存在较大差异（Zhang et al.，2009）。此外，水资源在我国的区域分配是不平衡的。例如，根据《中国统计年鉴》（2017）数据，2016 年，福建省人均水资源占有量为 5469m^3，而北京市仅为 161.6m^3。

（6）资本存量。资本存量增长有利于促进经济发展。由于中国资本存量没有官方公布的正式数据，估算方法存在争议。目前永续盘存法被学术界普遍接受和采用，因此，本研究参照单豪杰（2008）的估算方法，以 1978 年作为基准值，推算出 1999~2016 年我国省际人均实际资本存量。

基于传统的 EKC 曲线的研究，只考虑到经济的增长与用水量之间的关系，并考虑两者之间的对数二次项函数关系（Selden and Song，1994），简化 EKC 曲线模型形式为

$$\ln W_{it} = \beta_0 + \beta_1 \ln G_{it} + \beta_2 \ln^2 G_{it} + \varepsilon_{it} \qquad (5.1)$$

由于取水技术的发展和政策干预的削弱等因素会导致用水量出现下降后再次上升的"反弹效应"（Katz，2015），即用水量与经济增长之间呈倒 N 形关系形态（Grossman and Krueger，1991；Dinda，2014），因此在模型中加入人均 GDP 的立方项，再引入其他经济变量进行回归。为了减小数据的波动，消除可能存在异方差，对部分变量采用对数形式。考虑到面板数据兼具时序和截面两个维度的特征，能够反映出地区发展差异对水资源利用-经济增长的综合影响，又可以显著地减少遗漏变量引起的偏误等问题（Barbier，2004），因此本研究模型的估计中运用面板固定效应模型检验水资源 EKC 曲线是否存在。

综上所述，本研究构建方程如式（5.2）。

$$\ln W_{it} = \beta_0 + \beta_1 \times \ln G_{it} + \beta_2 \times \ln^2 G_{it} + \beta_3 \times \ln^3 G_{it} + \beta_4 \times \ln O_{it} + \beta_5 \times \ln D_{it} + \beta_6 \times S_{it} + \beta_7 \times \ln R_{it} \qquad (5.2)$$

式中，W_{it} 表示 i 省（自治区、直辖市）t 年人均用水量；G_{it} 表示 i 省（自治区、直辖市）t 年人均 GDP（1978=100）；O_{it} 表示 i 省（自治区、直辖市）t 年贸易开放程度；D_{it} 表示 i 省（自治区、直辖市）t 年人口密度；S_{it} 表示 i 省（自治区、直辖市）t 年二次产业增加值占 GDP 比重；R_{it} 表示 i 省（自治区、直辖市）t 年人均水资源；β_0 表示不同地区间的固定

效应；β_1、β_2、β_3、β_4、β_5、β_6、β_7分别表示各影响因素的弹性系数。此外，分别将人均工业用水和人均非工业用水作为被解释变量进行回归分析。

表 5.1 报告了人均用水、人均工业用水和人均非工业用水对人均 GDP 的估计结果。由表 5.1 结果可知，我国的人均用水与人均 GDP 不满足典型的 EKC 曲线特征。模型 M2 表明，用水量随经济变动趋势为 N 形，然而，人均 GDP 不显著，拟合效果不理想。

表 5.1　用水量与经济增长的面板估计结果

项目	人均用水		人均工业用水		人均非工业用水	
	M1	M2	M3	M4	M5	M6
β_0	11.951*** (5.262)	10.212* (1.859)	5.814* (1.799)	−37.590*** (−5.011)	12.545*** (7.472)	10.515*** (2.590)
$\ln G_{it}$	−0.324 (−1.107)	0.336 (0.175)	0.213 (0.510)	16.686*** (6.363)	−0.359* (−1.656)	0.412 (0.290)
$\ln^2 G_{it}$	0.033** (2.299)	−0.046 (−0.203)	0.016 (0.795)	−1.957*** (−6.356)	0.025** (2.378)	−0.067 (−0.399)
$\ln^3 G_{it}$		0.003 (0.348)		0.078*** (6.356)		0.004 (0.549)
$\ln O_{it}$	0.070*** (2.687)	0.070*** (2.699)	−0.052 (−1.1410)	−0.040 (−1.132)	0.065*** (3.358)	0.065*** (3.380)
$\ln D_{it}$	−1.011*** (−5.971)	−1.028*** (−5.832)	−0.845*** (−3.508)	−1.265*** (−5.256)	−0.986*** (−7.877)	−1.006*** (−7.720)
S_{it}	0.232 (1.139)	0.249 (1.188)	1.978*** (6.826)	2.411*** (8.414)	−0.140 (−0.933)	−0.120 (−0.774)
$\ln R_{it}$	−0.020 (−0.950)	−0.019 (−0.942)	−0.116*** (−3.958)	−0.112*** (−3.982)	−0.015 (−0.981)	−0.015 (−0.968)
调整后的 R^2	0.959	0.959	0.935	0.940	0.980	0.980
转折点/(元/人)	135	—	0.001	—	1313	—
曲线形状	倒 U	N	U	N	倒 U	N

注：表中括号内是标准误。*、** 和 *** 分别表示在 10%、5% 和 1% 水平上显著。

工业用水模型 M3 无法判断经济发展与工业用水量之间的关系。模型 M4 呈现 N 形关系形态。虽然模型的系数通过显著性检验，但是该方程却没有实解，所以不存在拐点，可近似认为工业用水量与经济增长满足单调递增的关系。

对于人均非工业用水，模型 M5、M6 变动趋势与用水总量的模型 M1、M2 类似。因为近几年农业用水量在用水总量中所占比重较大，导致两类用水指标的变动趋势比较接近。模型 M5 表明非工业用水与经济增长之间存在倒 U 形关系形态。即随着经济的增长，各区域的用水量出现先上升、后下降的趋势。计算拐点值为 1313 元/人，2016 年以后样本内数据全部跨过拐点，处于下降阶段。模型 M6 的人均 GDP 的系数不显著。

从面板数据回归结果来看，模型的总体拟合度较低、结果不理想，其并不能代表各省份用水量与经济增长之间的关系。这可能是因为单方程模型估计忽略用水量的变化对经济增长的反作用，产生内生性问题，导致实证结果的偏误。

5.3.2　用水量与经济增长的双向影响

通过讨论人均用水、人均工业用水和人均非工业用水与经济发展水平的关系发现，我国水资源利用不符合典型的倒 U 形 EKC 曲线特征。由于在"社会–经济–资源–环境"的大系统中，不存在经济发展单方向作用于水资源，且用水对经济不产生反馈作用，故面板单方程不能很好地反映用水量与经济发展之间的真实变动关系，水资源的过度消耗会形成对经济发展的约束力。由此，为讨论水资源利用与经济发展水平之间是否具有相互影响的关系，本节利用人均用水量表征水资源利用，人均 GDP 表征经济发展水平，采用 1999 ~ 2016 年 29 个省（自治区、直辖市）的面板数据，利用构建联立方程组模型的方法分析两者统计上的双向影响关系。

$$\ln W_{it} = \delta_0 + \delta_1 \ln G_{it} + \delta_2 \ln^2 G_{it} + \delta_3 \ln^3 G_{it} + \delta_4 \ln O_{it} + \delta_5 \ln D_{it} + \delta_6 S_{it} + \delta_7 \ln R_{it} \tag{5.3}$$

$$\ln G_{it} = \theta_0 + \theta_1 \ln W_{it} + \theta_2 \ln^2 W_{it} + \theta_3 \ln O_{it} + \theta_4 \ln C_{it} \tag{5.4}$$

式中，W_{it} 表示 i 省（自治区、直辖市）t 年人均用水量；G_{it} 表示 i 省（自治区、直辖市）t 年实际人均 GDP（1978=100）；O_{it} 表示 i 省（自治区、直辖市）t 年贸易开放程度；D_{it} 表示 i 省（自治区、直辖市）t 年人口密度；S_{it} 表示 i 省（自治区、直辖市）t 年二次产业增加值占 GDP 比重；R_{it} 表示 i 省（自治区、直辖市）t 年人均水资源；C_{it} 表示 i 省（自治区、直辖市）t 年人均实际资本存量；δ_0、θ_0 表示不同地区间的固定效应；β_i、θ_i 分别表示各影响因素的弹性系数。此外，分别将人均工业用水和人均非工业用水作为式（5.3）的被解释变量进行回归分析。

从表 5.2 的估计结果可以看出，人均用水、人均工业用水和人均非工业用水与经济增长呈现 N 形关系。即用水量与人均 GDP 的关系曲线呈现先增长后下降再上升的发展态势。曲线形状形成机理解释：经济发展初期，随着工业化进程加快，尤其是水资源密集型产业的迅速发展，用水量随经济的发展逐步增加；接着，人们意识到可持续发展的重要性，进而调整和升级产业结构、推行节水政策和节水技术，用水效率逐步提高，用水总量逐渐减少；但随着经济发展的进一步需要，重工业的发展和承受的人口环境因素压力，会再次推动用水量转而上升（Rock，1998；Jenerette and Larsen，2006）。尽管有经济结构调整和产业优化带来的用水量下降的动力，但这股动力并不能战胜需水量较大的产业对水资源的消耗需求。

表 5.2　用水量与经济增长的联立方程组估计结果

项目	水资源利用方程			经济发展方程		
	人均用水	人均工业用水	人均非工业用水	人均 GDP		
常数项	-48.566*** (-2.861)	-84.818*** (-4.280)	-23.119 (-1.435)	8.179*** (5.098)	5.380*** (29.803)	5.780*** (5.184)

续表

项目	水资源利用方程			经济发展方程		
	人均用水	人均工业用水	人均非工业用水	人均 GDP		
$\ln G_{it}$	20.433 *** (3.433)	31.214 *** (4.492)	11.120 ** (1.969)			
$\ln^2 G_{it}$	−2.467 *** (−3.558)	−3.805 *** (−4.700)	−1.296 ** (−1.970)			
$\ln^3 G_{it}$	0.098 *** (3.671)	0.154 *** (4.908)	0.050 * (1.953)			
$\ln W_{it}$				0.040 ** (2.132)		
$\ln^2 W_{it}$				−0.399 * (−1.380)		
ln（人均工业用水）				0.772 ** (2.699)		
ln（人均工业用水）					0.118 *** (4.235)	
$\ln^2$（人均工业用水）						−0.012 ** (−2.415)
$\ln O_{it}$	0.252 *** (8.432)	0.089 ** (2.552)	0.258 *** (9.096)	0.322 *** (15.976)	0.319 *** (15.848)	0.317 *** (15.812)
$\ln D_{it}$	−0.303 *** (−13.746)	0.210 *** (8.187)	−0.401 *** (−19.187)			
S_{it}	0.009 (0.030)	2.519 *** (7.633)	−0.544 ** (−0.2026)			
R_{it}	0.064 *** (3.310)	0.295 *** (13.012)	0.008 (0.460)			
C_{it}				0.401 *** (23.013)	0.399 *** (23.245)	0.399 *** (22.492)
调整后的 R^2	0.389	0.341	0.328	0.728	0.726	0.727
转折点 /（元/人）	1697 11451	2249 6332	2756 11597			
曲线形状	N	N	N			

注：表中括号内是标准误。*、** 和 *** 分别表示在 10%、5% 和 1% 水平上显著。

人均用水模型中，转折点分别为 1697 元/人和 11 451 元/人，对于人均收入低于 1697 元/人的地区而言，用水量将随着人均 GDP 的上升而增加；一旦人均收入突破了 1697 元/人的临界水平，此时人均 GDP 的继续提高有助于降低水资源的消耗；随着人均 GDP 的进一步提高，在 11 451 元/人的第二个临界点之后用水总量随着人均 GDP 的上升而增加。将 2016 年我国各省（自治区、直辖市）实际 GDP 与转折点相比较，可以发现，2016 年我国 29 个省（自治区、直辖市）的实际 GDP 均超过了用水量的第一个拐点。中西部地区的大多低于第二个拐点，而绝大多数东部沿海地区省份越过第二个拐点。

人均工业用水模型的变化趋势为 N 形，这可能与政策干预措施效果的削弱导致的回弹效应有关。在数据范围内最低处转折点为 2249 元/人，最高处转折点为 6332 元/人。目前，贵州、云南和广西处于下降期，获得了经济增长与工业用水强度下降的"双赢"；相反，其他省份在短时间内将经历经济增长与工业用水强度上升的"两难"困境。

人均非工业用水模型形状为 N 形，预期转折点分别为 2756 元/人和 11 597 元/人。样本期内的全部省（自治区、直辖市）跨过了第一个拐点值，但只有北京、上海在内 12 个省（自治区、直辖市）跨过了第二个拐点值；剩余省（自治区、直辖市）尚未跨过第二个拐点并都处于下降段，并且与拐点值差距较大。考察实际的人均非工业用水，多数省（自治区、直辖市）样本期内出现较大波动。出现这种情况的原因可能是水价上涨，即水资源价格对生活用水量的影响超过了经济增长对其的影响；另外农业用水量在 2004 年出现较大波动，主要是因为中央出台粮食直补政策（Wang et al., 2016），各地粮食种植面积有所增加，农业用水量出现波动。

其他经济影响因素分析如下。

（1）贸易开放程度。贸易开放加剧了水资源的消耗。我国属于发展中国家，随着贸易开放度的提高，一方面易于受发达国家资源密集型产业转移的影响（Thompson and Jeffords, 2017）；另一方面出口产品以技术含量较低、耗水量较大的产品为主，这种国际分工劣势加剧了水资源的消耗。

（2）人口规模。人口增长促进工业用水的增加。说明人口规模扩大使得生产规模不断扩大，资源压力增大，工业用水量增加。相反，人口规模与用水总量和非工业用水无显著关系，表明人口密度高的地区的耗水更加高效和集约（Atallah et al., 2001）。由此说明，人口增长并不是水资源消耗加剧的主要影响因素。

（3）产业结构。各地区第二产业在经济发展中所占比例越高、人均可支配收入越高，工业用水量都会增加，反映了工业部门是水资源主要消耗部门的客观事实。但是，第二产业比重的上升不一定会导致非工业用水量消耗的增长，在非工业用水总量中，第一产业用水占绝大部分比重，进而起主导性作用影响总用水量。

（4）人均水资源。工业和用水总量模型中人均水资源的正系数意味着工业生产很大程度上依赖于当地的水资源。然而，非工业用水的系数并不显著。这可能是由 2002 年我国政府南水北调引水工程的实施导致（Feng et al., 2007）。

为提高实证结果的解释力，在此将估计结果与现有的水资源 EKC 曲线研究比较分析。可以发现，本研究实证结果与其他学者的研究结果有明显差异。Cole（2004）、Jia 等（2006）、Duarte 等（2013）和 Katz（2015）通过分析国际数据发现水资源利用与经济增长之间存在倒 U 形关系。相反，本研究工业用水的测算结果与 Gu 等（2017）学者的研究结论一致。Gu 等（2017）发现中国东部沿海地区存在用水量变动呈 N 形趋势。然而，中国其他区域（东北、东部沿海、南部沿海、黄河中游、长江中游、西南和西北）没有显示这种关系。由此说明，水资源 EKC 曲线具有较强的地域性、时间性。此外，在我国目前的发展阶段，随着未来经济的进一步增长，水的消耗量很有可能继续上升。这意味着，必须重新认识我国目前的水资源利用形势。

图 5.3 描述了 343 个国家和地区在 2000～2015 年的人均淡水资源抽取量和人均 GDP 的变化关系。从图中不难看出，十年间各国在经济发展水平和用水量方面的差距很大。用水量与人均 GDP 关系存在 N 形形态，估计系数均具有统计学意义，说明用水量会随着经济的发展先增加后减少再增加。换言之，没有证据表明水资源符合传统的 EKC 曲线倒 U 形变化特征。拟合结果基本符合一些研究结论（Sebri，2016；Paolo Miglietta et al.，2017）。例如，Sebri（2016）利用国际水足迹横截面数据，发现传统倒 U 形 EKC 曲线并不存在。同样，Paolo Miglietta 等（2017）研究了 94 个国家的情况，发现人均水足迹与人均国民总收入（GNI）之间呈 N 形关系。

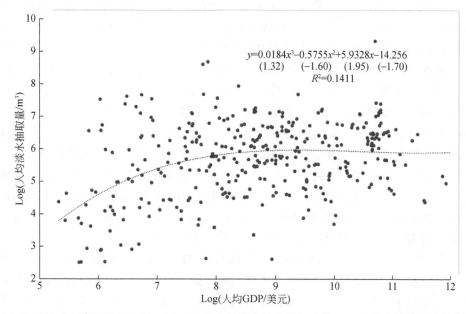

图 5.3　343 个国家和地区 2000～2015 年的人均淡水抽取量与人均 GDP 的散点图及线性趋势线

实际人均 GDP 按 2010 年美元不变价计算；图中每个点代表一个国家某一年的数据（2000～2015 年）；虚线趋势曲线是人均淡水抽取量的对数与人均 GDP 的对数的简单三次回归曲线；括号内是 t 值。数据来源于世界银行数据库

工业用水与经济发展呈正向关系，意味着工业用水量为工业化进程的发展提供了物质基础，推动了经济的发展。然而，用水总量和非工业用水与 GDP 之间呈现二次函数关系，即其对经济的增长呈现先促进后抑制的作用。对此，我们的解释是，当用水量小于某一限度时，水资源的使用能够推动经济的增长；但高消耗的粗放增长方式是不可持续的，一旦突破生态阀门，用水量将会抑制经济的增长速度。此外，研究结果证实了物质资本存量和贸易开放度是推动中国经济增长的重要因素。相比较而言，资本存量的作用大于贸易开放度的作用。

5.4 本章小结

本章在分析国内外水资源利用与经济增长关系的基础上，利用我国 29 个省（自治区、直辖市）1999～2016 年的面板数据分析了区域用水与区域经济增长之间的关系。由于实际水资源与 GDP 关系的复杂性，本章在传统 EKC 曲线模型的基础上，加入体现地域特征的人口规模、贸易开放程度、产业结构和水资源禀赋作为控制变量衡量其他社会经济因素的综合影响。此外，基于现有文献和理论分析，我们发现区域用水量与区域经济增长之间存在相互因果关系。由此，本章进一步构建联立方程组。通过研究我们得出以下结论。

（1）用水量与经济增长不符合典型的 EKC 曲线特征，而是呈 N 形变动趋势。这与现有的有关中国水资源-经济发展研究的结论大相径庭，也让我们对中国当前的水资源利用形势有了新的认识和判断，即随着当前中国经济的进一步发展，用水压力将会加大。另外，产业结构、人口规模、贸易开放度和水资源占有量也会对水资源的消耗产生影响力。人口密度的增大与用水量的减少密切相关，暗示着增加人口规模会增加用水总量，但是却不会引起人均用水量的增加；贸易开放度与总用水和类别用水都呈正相关，表明由于国际分工的劣势，随着贸易开放度的提高，中国的水资源劣势会进一步恶化。第二产业比重对人均用水与非工业用水没有通过显著性检验，但却是推动工业用水消耗的重要因素，表明我国的第二产业是工业用水消耗的主要部门。可见，经济增长本身不一定必然导致耗水量的增加。从长期来看，我国并非只可以依靠控制经济发展水平调整水资源的利用情况，由于产业结构的调整、人口及国际贸易的规划，改变当前的用水和经济增长之间的 N 形曲线关系，并实现倒 N 形转变的可持续经济增长是完全有可能的。

（2）回归方法的选择应充分考虑到水资源利用与经济增长的双向反馈作用。就同一类别用水而言，联立方程组与面板模型的实证结果之间存在差异。这也证实了同时性存在于 GDP 与用水量两个变量之间。故传统的单方程模型的实证研究，由于没有考虑到两个变量之间的双向反馈作用，会产生有偏误的估计。而构建联立方程组的测算方法更加合理，测算结果也具有更高的可信度。因此，本研究的实证方法对未来研究有一定的启发性。

（3）用水量对经济的增长存在反作用力。在一定范围内，水资源促进经济的增长，但突破某一生态阀门，水资源的过度消耗会限制经济的增长。目前，我国承受用水紧张的压力，如何有效分配利用水资源，不仅能够缓解我国水资源短缺的问题，同时能够促进经济的可持续增长。因此，制定并实施合理有效的水资源管理策略成为当务之急。故本章强调两点政策建议。

第一，因水资源短缺情况、用水情况、经济发展水平及其他社会经济因素在我国的不同地区之间有较大的差距，当地政府应该针对当地的实际情况制定有效的水资源管理策略。例如，跨越过第二个转折点的多数较发达地区应该通过调整经济发展水平缓解用水压力。另外，建立健全地区水价制度、严格管控水资源供应量和加大公众节水宣传教育也都是广泛适用的有效措施。其中，由于用水量经历"上升-下降-上升"的过程，不同的地区应该针对类别用水量注重保持政策的持续性和永久性。

第二，政府应大力鼓励发展或引进先进的技术，实现资源密集型产业向低耗水的知识密集型产业的转化。大力推广先进技术对水资源节约型社会形成的影响是多角度的：从国际贸易的角度而言，贸易开放水平的提高会增加水资源的消耗，而由先进技术所引导的出口高耗水的资源密集型产品向高科技、低耗水的产品的转化有助于缓解或解决此问题。从产业结构角度而言，第二产业 GDP 占比的增加会加大工业水资源的消耗，但科技的发展可推动产业结构优化升级，利用产业结构和能源结构的改变降低单位 GDP 的用水量。从水资源利用率的角度而言，先进技术的发展将会使工业废水和生活污水得到有效控制和再次利用，从而提高水资源利用率。

参 考 文 献

邓朝晖，刘洋，薛惠锋．2012．基于 VAR 模型的水资源利用与经济增长动态关系研究．中国人口·资源与环境，22（6）：128-135.

贾绍凤，张士锋，杨红，等．2004．工业用水与经济发展的关系——用水库兹涅茨曲线．自然资源学报，19（3）：279-284.

李强，王莉芳，贾晓猛．2015．基于 EKC 的水资源利用与经济增长关系研究．科技和产业，15（4）：133-136.

林伯强，蒋竺均．2009．中国二氧化碳的环境库兹涅茨曲线预测及影响因素分析．管理世界，187（4）：27-36.

刘渝，杜江，张俊飚．2008．中国农业用水与经济增长的 Kuznets 假说及验证．长江流域资源与环境，17（4）：593.

鲁晓东，许罗丹，熊莹．2016．水资源环境与经济增长：EKC 假说在中国八大流域的表现．经济管理，38（1）：20-29.

潘丹，应瑞瑶．2012．中国水资源与农业经济增长关系研究——基于面板 VAR 模型．中国人口·资源与环境，137（1）：161-166.

单豪杰．2008．中国资本存量 K 的再估算：1952～2006 年．数量经济技术经济研究，25（10）：17-31.

王璇．2012．经济发展对工业用水量的影响研究——基于我国东中西部面板数据的实证检验．哈尔滨商业大学学报（社会科学版），（4）：39-43.

许永欣，马骏．2017．基于面板 VAR 模型的农业用水与农业经济增长关系研究．山东农业科学，49（5）：159-163.

张兵兵，沈满洪．2016．工业用水库兹涅茨曲线分析．资源科学，38（1）：102-109.

张陈俊，章恒全，陈其勇，等．2015．用水量与经济增长关系的实证研究．资源科学，37（11）：2228-2239.

张陈俊，章恒全．2014．新环境库兹涅茨曲线：工业用水与经济增长的关系．中国人口·资源与环境，24（5）：116-123.

张红凤，周峰，杨慧，等．2009．环境保护与经济发展双赢的规制绩效实证分析．经济研究，44（3）：14-26.

张月，潘柏林，李锦彬，等．2017．基于库兹涅茨曲线的中国工业用水与经济增长关系研究．资源科学，39（6）：1117-1126.

郑慧祥子，田贵良．2015．用水总量与经济发展关系探讨．水利经济，33（4）：10-14.

Atallah S，Khan M A，Malkawi M. 2001. Water conservation through public awareness based on islamic teachings in the Eastern Mediterranean region. water management in islam. Tokyo: United Nations University Press.

Bao C, He D. 2015. The causal relationship between urbanization, economic growth and water use change in provincial China. Sustainability, 7 (12): 16076-16085.

Barbier E B. 2004. Water and economic growth. Economic Record, 80 (248): 1-16.

Binti Borhan H, Musa Ahmed E. 2010. Pollution as one of the determinants of income in malaysia: comparison between single and simultaneous equation estimators of an EKC. world journal of science, Technology and Sustainable Development, 7 (3): 291-308.

Burek P, Satoh Y, Fischer G, et al. 2016. Water futures and solution: fast track initiative international institute for applied systems analysis IIASA Working Paper. IIASA, Laxenburg, Austria: WP-16-006.

Cole M A. 2004. Economic growth and water use. Applied Economics Letters, 11 (1): 1-4.

Dinda S. 2004. Environmental kuznets curve hypothesis: a survey. Ecological Economics, 49 (4): 431-455.

Duarte R, Pinilla V, Serrano A. 2013. Is there an environmental Kuznets curve for water use? A panel smooth transition regression approach. Economic Modelling, 31: 518-527.

Duarte R, Pinilla V, Serrano A. 2014. Looking backward to look forward: water use and economic growth from a long-term perspective. Applied Economics, 46 (2): 212-224.

Feng S, Li L X, Duan Z G, et al. 2007. Assessing the impacts of South-to-north water transfer project with decision support systems. Decision Support Systems, 42 (4): 1989-2003.

Gleick P H. 1998. Water in crisis: paths to sustainable water use. Ecological Applications, 8 (3): 571-579.

Gleick P H. 2000. A look at twenty-first century water resources development. Water International, 25 (1): 127-138.

Gleick P H. 2003. Global freshwater resources: soft-path solutions for the 21st century. Science, 302 (5650): 1524-1528.

Grossman G M, Krueger A B. 1991. Environmental impacts of a North American free trade agreement (No. w3914). National Bureau of Economic Research.

Gu A, Zhang Y, Pan B. 2017. Relationship between industrial water use and economic growth in China: insights from an environmental Kuznets curve. Water, 9 (8): 556.

Hao Y, Zhang Q, Zhong M, et al. 2015. Is there convergence in per capita SO_2 emissions in China? An empirical study using city-level panel data. Journal of Cleaner Production, 108: 944-954.

Hemati A, Mehrara M, Sayehmiri A. 2011. New vision on the relationship between income and water withdrawal in industry sector. Natural Resources, 2 (3): 191.

Hettige H, Mani M, Wheeler D. 1998. Industrial pollution in economic development: Kuznets revisited. Policy Research Working Paper, 6 (1): 80.

Jenerette G D, Larsen L. 2006. A global perspective on changing sustainable urban water supplies. Global & Planetary Change, 50 (3): 202-211.

Jia S, Yang H, Zhang S, et al. 2006. Industrial water use Kuznets curve: evidence from industrialized countries and implications for developing countries. Journal of Water. Resources Planning and Management, 132 (3): 183-191.

Jiang Y. 2009. China's water scarcity. Journal of Environmental Management, 90 (11): 3185-3196.

Katz D L. 2008. Water, economic growth, and conflict: three studies. University of Michigan Doctoral dissertation.

Katz D. 2015. Water use and economic growth: reconsidering the environmental Kuznets curve relationship. Journal of Cleaner Production, 88: 205-213.

Longo S B, York R. 2009. Structural influences on water withdrawals: an exploratory macro-comparative analysis. Human Ecology Review, 16（1）: 75.

Nakicenovic N, Alcamo J, Davis G, et al. 2000. Special report on emissions scenarios, working group III, Inter-governmental Panel on Climate Change（IPCC）. Cambridge: Cambridge University Press.

Paolo Miglietta P, De Leo F, Toma P. 2017. Envirommental Kuznets Curve and the water footprint: an emprrical analysis. Water and Environment Journal, 31（1）: 20-30.

Rock M T. 1998. Freshwater use, freshwater scarcity, and socio-economic development. The Journal of Environment & Development, 7（3）: 278-301.

Sebri M. 2016. Testing the environmental Kuznets curve hypothesis for water footprint indicator: a cross-sectional study. Journal of Environmental Planning and Management, 59（11）: 1933-1956.

Selden T M, Song D. 1994. Environmental quality and development: is there a Kuznets curve for air pollution e-missions? Journal of Environmental Economics and Management, 27（2）: 147-162.

Serrano A, Valbuena J. 2017. Production and consumption-based water dynamics: a longitudinal analysis for the EU27. Science of the Total Environment, 599: 2035-2045.

Shiklomanov I A. 2000. Appraisal and assessment of world water resources. Water International, 25（1）: 11-32.

Taskin F, Zaim O. 2001. The role of international trade on environmental efficiency: a DEA approach. Economic Modelling, 18（1）: 1-17.

Thompson A. 2013. Accounting for population in an EKC for water pollution. Journal of Environmental Protection, 4（7）: 147.

Thompson A, Jeffords C. 2017. Virtual water and an EKC for water pollution. Water Resources Management, 31（3）: 1061-1066.

Wang D, Hoa Y, Wang J. 2016. Impact of climate change on China's rice production—an empirical estimation based on panel data（1979-2011）from China's main rice-producing areas. The Singapore Economic Review, in press. DOI: 10. 1142/S0217590817400240.

Wooldridge J M. 2010. Econometric analysis of cross section and panel data. Cambridge: MIT Press.

Xu Y, Huang K, Yu Y, et al. 2015. Changes in water footprint of crop production in Beijing from 1978 to 2012: a logarithmic mean divisia index decomposition analysis. Journal of Cleaner Production, 87: 180-187.

Zhang Q, Xu Z, Shen Z, et al. 2009. The han river watershed management initiative for the South-to-North water transfer project（Middle Route）of China. Environmental Monitoring and Assessment, 148（1）: 369-377.

第6章 | 宏观经济政策对环境质量的影响

外部性反映经济活动中的主体给其他主体带来没有得到支付或补偿的影响，从而引起市场失灵。许多政策的制定旨在弥补外部性引起的市场失灵。然而，由于政策目标的复杂性与不一致性，包括宏观经济政策在内的公共政策的执行也有着不可忽视的外部性特征。宏观经济政策为何会具有突出的环境外部性特征？宏观经济政策为何会与环境质量问题紧密相连？本章将从财税政策、政府行为等方面探讨宏观经济政策影响环境的作用路径。基于财政分权理论，本章将以中国的"土地财政"模式为例，运用实证方法来分析其给环境质量带来的影响。具体而言，本章将从以下方面讨论。

- 为何公共政策会具有环境外部性？
- 宏观经济政策如何影响环境质量？
- 中国财税政策与政府行为会给环境带来哪些影响？
- 土地财政模式对中国环境质量的影响有多大？

6.1 政策外部性总论

外部性指的是在经济活动中，一个经济主体（国家、企业或个人）的经济活动直接对另一个经济主体产生非市场性的影响，却没有给予相应支付或得到相应补偿。这种经济活动给其他经济主体带来的影响可能是利益，也可能是损害。外部性相应地分为正外部性和负外部性。由于外部性的存在，经济主体活动的社会成本（收益）与私人成本（收益）之间是不一致的。

在存在负外部性时，从个人角度看，市场调节对个人是有利的；但从社会角度看，这不是资源配置最优状态，无法达到帕累托最优，这就是外部性引起的市场失灵。许多政策的制定旨在弥补外部性引起的市场失灵。例如，建在河边的工厂排出的废水污染了河流，对他人造成损害。工厂排废水是为了生产产品赚取利润，工厂售出商品的成本中仅包含生产成本，而未对环境污染进行支付。那么工厂由此造成地对他人的损害却可能无须向他人支付任何费用，这就是工厂生产中的负外部性。环境保护政策的制定能够解决工厂破坏环境而未支付的问题。通过设定排放标准、行政处罚规定，工厂增加污水处理环节等手段来解决这一问题，环境污染的成本便能够由工厂支付，将负外部影响内部化。

然而，由于政策目标的复杂性与不一致性，越来越多公共政策的执行也带有不可忽视的外部性特征。张敏（2012）认为外部性是公共政策的重要属性，但公共财政外部性问题还未引起学者们的充分重视。我们可以看到，尽管环境保护政策能够解决一定程度的环境负外部性问题，但是包括宏观经济政策在内的政策工具由于目标的差异也会对环境质量产生不同的影响。宏观经济政策是指国家或政府有意识有计划地运用一定的政策工具，调节控制宏观经济的运行，以达到一定的政策目标。宏观经济政策的四大目标为经济持续稳定发展、稳定物价、充分就业与保持国内外收支平衡。而资源与环境的可持续发展并没有被列入宏观经济政策的调控目标中。

宏观经济政策为何会具有突出的环境外部性？宏观经济政策为何会与环境质量问题紧密相连？这是由于环境具有突出的公共品属性，它的非竞争性和非排他性使其与私人物品区别开来。公共品是外部性引起市场失灵的最主要的领域，而政府在公共品的供给中扮演着核心的角色。曹洪军和赵芳（2006）认为宏观经济政策不会对环境质量产生直接影响，但这些政策的实施会对环境可持续发展产生巨大的间接影响。回顾我国的环境问题，从水污染到荒漠化，与近几十年的粗放式经济发展模式有很大关系。在宏观经济政策的指导下，资源密集型和劳动力密集型产业蓬勃发展，所需的公路、铁路、管道等基础设施亦得到了巨大的发展。这些经济性公共品得到了宏观经济政策的大力支持，而带来良好的环境质量的非经济性公共品则没有得到足够的重视。本章将具体介绍宏观经济政策所带来的环境影响。

6.2 财税政策、政府行为与环境质量

6.2.1 国外研究状况

财税政策对一国经济发展和战略布局有着重要影响，政府通过财政支出来供给公共品。国外的许多研究都证明了财政政策是环境质量的决定因素。Lopez 等（2011）发现政府支出结构对环境质量有显著的影响，其中重于公共服务的财政支出结构有利于减少环境污染。Zhang 和 Zheng（2009）则认为一国的预算收支结构是污染水平高低的重要影响因素。Wang 和 Li（2019）基于中国 1996～2010 年的省级动态面板数据发现财政支出规模与人均碳排放之间存在正相关关系，而财政支出的构成与人均碳排放之间却存在负相关关系。Alamdarlo（2019）通过研究环境污染税对伊朗小麦市场的影响，发现该项纳税政策将使该国小麦贸易量下降约 24%，CO_2 排放量将显著减少。Zhu 和 Lu（2019）通过中国 2003～2015 年的以环境污染控制投资为代表的环境财政政策、以排污费为代表的环境税收政策省级面板数据，利用 PVAR 模型发现环境污染治理投资、排污费、经济增长和环境质量之间存在长期的相互作用；另外，文章建立了环境污染治理投资和排污收费直接影响经济发展，间接影响环境质量的内在机制。Hafezalkotob 等（2017）发现在竞争激烈的市场环境中，政府的财政政策和汽车生产等工业活动造成的环境污染成本的降低之间有很大的联系。Halkos 和 Paizanos（2016a）发现实施扩张性财政支出政策可以减轻生产和消费的 CO_2 排放。但是 Halkos 和 Paizanos（2016b）认为经济增长与环境质量、财政支出与环境恶化两种关系的实证结果并不可靠，因为这几个变量之间的关系并不明确。

财政分权理论（fiscal decentralization）指出公共品应由哪级政府提供是财政研究中的一个核心问题。尽管地方政府更加了解地区居民的公共品需求，但地方政府的公共品供给会忽

视管辖范围间的空间溢出效应，在做出公共选择时会产生外部性。在财政分权理论下，地方政府的目标朝向当地财政收入最大化的方向努力，因此能够增进本地财政收入的决策会更容易被地方政府采纳。由于资源具有稀缺性与流动性，各级地方政府争相将有限的财政支出投入到与环境等非经济性公共品相关的领域。权力下放的缺点是使地方政府减缓或阻碍中央授权的政策的实施，特别是当这些政策可能对地方发展目标产生不利影响时（Vanderkamp et al，2017）。对于财政分权与环境质量之间的关系，不同学者的观点不同。有些学者认为财政分权有助于环境质量的改善。Liu 等（2019）认为财政分权对于提高环境质量来说是不可或缺的。Song 等（2018）发现适度的财政分权可以改善绿色全要素生产率，但过度的财政分权会影响绿色全要素生产率的提高。Zhou 等（2018）通过对我国 30 个省（自治区、直辖市）2000～2016 年的面板数据研究发现地方政府之间的经济竞争提高了我国的省级能源生态效率，且高度的财政分权有助于提高能源生态效率；在财政分权的背景下，经济竞争对能源生态效率的影响得到了负面的加强。Li 等（2013）认为财政分权和技术进步可以提高环境水平，经济规模和区域差异也可以影响能源生态效率。但也有学者持不同意见。Zhang 等（2017）发现中国式的权力下放促进了碳排放，形成了一个绿色悖论。Liu 等（2017）发现地方财政权力下放对加重环境污染起到了重要作用，财政权力下放对环境污染的反馈作用虽然不显著，但却是积极的。Liu 等（2016）发现我国京津冀地区的行政分权和财政分权，虽然促进了经济增长，但也阻碍了该地区协同减少空气污染的工作。

6.2.2　国内研究状况

1994 年，我国实施了以国地税分离为主要特征的分税制改革，财税政策对地方经济、产业结构与环境质量的影响突出地体现了出来。在此期间，中央和地方财权和事权发生了较大变化，地方政府开始面临税收不足的问题。大多数学者赞同财政分权会降低环境质量（冯雪艳等，2018；陈宝东和邓晓兰，2017；刘建民等，2015）。张克中等（2011）对我国 1998～2008 年的省级面板数据进行了分析，证明财政分权会促进碳排放的增加，使环境质量恶化。李强（2019）利用我国 30 个省（自治区、直辖市）2000～2015 年的省级面板数据，发现财政分权和环境分权加剧了我国环境污染水平。田建国和王玉海（2018）也认为财政分权同碳排放总量水平正相关，财政分权不仅会带来本地区碳排放水平的提高，同时也会提高周边地区碳排放水平。吴勋和王杰（2018）发现无论是财政支出分权、还是收入分权抑或是财政自由度的提高均与雾霾污染呈显著正相关。可见，中国式财政分权可能给环境带来负外部性影响。

以财政分权为背景的追求 GDP 的政府行为亦对环境产生影响。地方政府在政绩竞赛中追求 GDP 的高速增加，这会影响地方政府对于环境公共品供给的行为。环境保护由于无法保证政府官员任期内的经济增长，所以较少地被列入财政支出的目标。地方间的竞争会使地方政府主动放松环境管制的执行标准，甚至利用行政手段以环境为代价主动保护经济增长，带来环境的负外部性影响。周黎安（2007）提出"晋升锦标赛"是导致地方政府忽略可持续增长的长期利益而片面追求短期经济的增长量和增长速度的重要原因，这种短视行为不可避免地带来一些问题，较为典型的如环境质量恶化问题。蔡昉等（2008）认为部分地方政府追求 GDP 高速增长，为此付出了突出的环境代价。王永钦和丁菊红（2007）发现地方政府能够通过环境管制影响厂商的投资和生产行为。吴延兵（2019）认为财政分权对专利强度和研发强度有显著负向影响。杨志安和王佳莹（2018）发现财政分权对绿色全要素生产率及其技术进步存在显著的抑制作用。地方政府放松管制可能影响经济长期可持续发展，使经济走向能源资源高投入的粗放式发展模式，造成环境质量的下降。

管中窥豹，以我国突出的"土地财政"现象为例进行分析。在财政分权体制不尽完善的情况下，地方政府为缓解财政压力、追求政绩，形成了出让土地获得收入的模式，即"土地财政"，具体是指通过出让土地资源未来使用权的方式获得土地出让金。图 6.1 为我国 1998～2016 年土地出让金与地方政府预算内财政收入的数额。可以看到，二者的比值从 2001 年起快速上升，近 15 年基本保持在 40% 以上的增长水平。

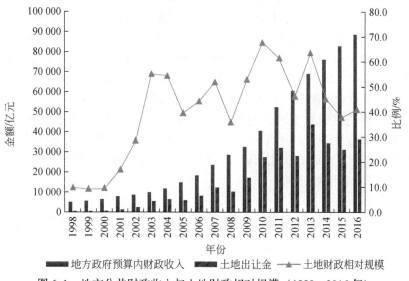

图 6.1　地方公共财政收入与土地财政相对规模（1998～2016 年）
数据来源为国家统计局，暂不包括港、澳、台数据

土地财政对地方经济发展影响很大，近年来一些学者对此进行了探讨。一些研究证明土地财政拉动了我国的经济增长（李勇刚等，2013；杜雪君等，2009；张昕，2011；邹秀清，2013；陈志勇和陈莉莉，2011）。但辛波和于淑俐（2010）认为虽然土地财政对地方经济增长的促进作用明显，却也使地方政府对土地财政产生过度依赖。同时，土地财政模式具有环境负外部性，对我国的环境质量造成了负向的影响。李拓（2016）认为我国存在土地财政下的环境规制"逐底竞争"现象，且经济发展差异程度越大的地区竞争越激烈，而竞争导致的低水平环境规制会刺激土地财政规模扩张进而加剧环境污染。

土地财政增加了地方政府财政方面的自由裁量权，支持了地方政府分权。一方面，土地财政会给环境质量带来直接的影响。根据环境联邦主义，环境管制事务的分权程度是决定环境公共品供给质量的关键因素。环境保护问题的分权不仅会带来"逐底竞争"的情况，溢出效应也决定了由某一地方政府供给环境公共品并不会达到社会最优。在环境管制问题上的分权被认为导致财政分权对环保的激励不足（祁毓等，2014）。张璇等（2018）认为财政分权不利于环保投资效率的改进。另一方面，土地财政会通过经济增长给环境质量带来间接的影响。土地财政虽拉动了地方经济增长，但由于 EKC 曲线关系，经济增长又会给环境带来影响。可见，土地财政具有较为复杂的环境外部性。

6.2.3　以往研究的局限性

通过梳理现有国内外学术界关于财税政策、政府行为与环境质量探索的文献，可以发现当前相关领域的研究仍然存在以下不足。

（1）对土地财政的环境影响的研究仍较为缺乏。学者在政府行为与环境问题关系的研究领域已积累一定成果，但较少文献就土地财政与 SO_2 排放的相关关系进行具体分析。虽然关于 SO_2 排放影响因素的研究思路已经较为丰富，在理论方面和实证方面均有学者进行了深入探讨，为本研究打下了良好的基础；但较少有研究考虑土地相关因素对 SO_2 排放的影响。

（2）现有文献分析只体现了土地财政模式影响经济增长进而影响碳排放的间接路径，而土地财政对 SO_2 排放的直接影响、间接影响与总影响没有很好地体现出来。在解决气候变化问题越来越紧迫的情况下，本研究能够弥补相关研究的空白。

（3）较多学者仍然偏重于理论分析，实证分析有所欠缺，且分析方法（数据包络分析方法、VAR 模型方法等）较为单一。为了更好地计算地方政府土地财政对 SO_2 排放的直接影响和间接影响，本研究应用两阶段回归法。两阶段回归法使得土地财政经济增长对 SO_2 排放的间接影响能够被计算。

6.3　土地财政对二氧化硫排放影响的实证分析

财政收入为政府公共品的供给提供保障，而财政收入如何在中央和地方政府之间分配是宏观经济政策的重要议题。1994 年，我国进行了分税制改革，梳理了中央与地方的分配关系。一方面，中央政府一改财力匮乏的窘境，提升了转移支付调控能力；另一方面，地方政府开始面临财权与事权不匹配的问题（孔善广，2007），于是开始寻找能够支持自身基础设施建设发展的资金来源。在此过程中，地方政府逐渐形成了出让土地使用权的土地财政发展模式。土地财政被认为给我国经济增长带来了重要的推动力（李勇刚等，2013；杜雪君等，2009），且影响了我国工业化与城市化进程（雷潇雨和龚六堂，2014）。那么，土地财政是否具有环境负外部性？土地财政给我国的 EKC 曲线带来的影响值得我们进行具体的分析。因此，本研究以财政分权政策为背景，选择土地财政作为切入点展开研究，定量分析我国土地财政对 SO_2 排放影响的路径，进而反映宏观经济政策对 EKC 曲线的影响。

6.3.1　变量与模型建立

土地财政是本研究的重要解释变量。土地财政可以从狭义和广义两个维度定义。狭义的土地财政是指经由出让土地使用权获得的土地出让金、房地产税收和以土地为抵押物的土地融资收入。广义的土地财政还包括国家利用土地获取的税赋等其他延展收入。由于数据的可得性，土地出让金额是土地财政多少的重要衡量指标。参考已有的研究（李斌和李拓，2015），本研究选择土地财政相对规模作为土地财政的表征变量。土地财政相对规模的定义是土地出让金总额与预算内地方财政收入的比值。这一变量能够反映地方政府对土地财政的依赖程度。土地出让金的数据来源于《国土资源统计年鉴》（1999～2017），预算内地方财政收入来源于《中国财政年鉴》（1999～2017）。

（1）环境质量。环境质量是被解释变量。采用各省（自治区、直辖市）人均 SO_2 排放量来表征各地区的环境质量。SO_2 是大气主要污染物，它能够通过鼻腔、气管、支气管被管腔内膜水分吸收阻留，进入人体，影响机体的正常生长发育。SO_2 多来源于工业过程，SO_2 浓度能够较好地反映经济发展给环境质量带来的影响。SO_2 浓度越高，环境质量越差；SO_2 浓度越低，环境质量越好。一般说来，省内 SO_2 排放量越大，SO_2 浓度会越高。各省人均 SO_2 排放量的数据主要来源于《中国统计年鉴》（1999～2017）。

（2）经济发展水平。经济发展水平是 EKC 曲线的核心解释变量。土地财政给经济发展水平可能带来拉动作用。同时，经济发展又是中介变量，土地财政给经济发展带来的影响可能通过 EKC 曲线关系作用于环境质量。换言之，土地财政模式不仅仅具有经济影响，而且还可能通过影响经济发展带来环境影响。本研究采用各省人均实际 GDP 来表征各地区经济发展水平。为消除通货膨胀的影响，以 1978 年作为基年对人均 GDP 进行平减，使各省区市人均 GDP 在时间上和空间上具有可比性。GDP 数据与人口数据均来源于《中国统计年鉴》（1999～2017）。

（3）贸易开放程度。贸易开放程度也被称为对外依存度。不同地区的贸易开放程度不同可能是经济增长差异的原因之一。贸易开放可能会带来技术进步，从而影响地区的经济增长水平。贸易开放能够优化国家要素禀赋的结构，对人均产出产生影响。另外，地区的贸易开放可能会影响当地的环境质量，例如，经济发展水平较高的地区能够通过进口高污染产品或将产业转移至其他地区，以减少本地区 SO_2 排放量。具体地，本研究将使用进出口贸易总额与当期 GDP 的比重表征贸易开放度。进出口数据来源于《中国统计年鉴》（1999～2017）。

（4）产业结构。使用第二产业比重作为产业结构的表征变量。第二产业比重即第二产业产值占 GDP 的比重。经济发展初期，地方政府倾向于将更多土地投入第二产业，加快了我国的工业化进程。由于粗放式经济发展模式，第二产业比重的增加导致 SO_2 等污染物的排放。随着经济发展水平的提高，产业结构升级，我国第二产业比重逐渐下降，转型为 SO_2 排放较低的服务业。

（5）资本存量。资本存量增长有利于促进经济发展，资本存量也可能对 SO_2 排放量产生影响。目前我国资本存量估算方法存在争议，本研究将继续参照单豪杰（2008）的估算方法，使用永续盘存法，以 1978 年作为基年，推算出 1999～2016 年中国省际人均实际资本存量。

（6）城市化水平。地区城市化水平的提升会促进产业集聚。产业集聚带来的规模效应可能会加大地区工业生产规模，带来 SO_2 排放的增加。随着产业集聚水平的不断提升，能源利用和污染治理技术持续进步，环境污染可能伴随着城市化水平的提高而出现下降的态势。所以要将城市化水平列入控制变量。本研究中城市化水平由城镇人口数量与地区总人口数量之比来衡量。

（7）金融发展程度与外商直接投资。金融发展的程度也和经济增长有着密切的关系。我国自 1994 年确定金融体制的改革目标，逐步开展新的金融机构体系建设。我国存贷款余额快速增加，融资规模不断扩大。然而我国金融体系也常被认为是缺乏效率的（Chen，2006），因此将金融发展程度列入控制变量有利于更好地衡量土地财政的经济和环境影响。我国的金融体系仍以银行主导的间接融资为主，因此选取和银行相关的指标的金融效率进行衡量（Sadorsky，2010；Zhang and Xu，2012；Hao et al.，2016）。金融效率的定义是贷款余额与存款余额的比重。此外外商直接投资不仅会带来投资，而且可能产生技术溢出效应从而拉动经济增长。所以我们选用 FDI 总量与地区人口之比来衡量外商直接投资水平。

本研究采用省级面板数据。相比时间序列数据和截面数据等数据集，面板数据观察量更大，具有更好的一般性特征和应用范围，能够提高估计的有效性和可靠性。具体地，本研究包含 1998～2016 年 30 个省（自治区、直辖市）的面板数据，西藏自治区、香港特别行政区、澳门特别行政区、台湾省由于数据不全而未列入研究中。各原始变量中，GDP 和人口数据来源于《中国统计年鉴》，存款、贷款、进出口总额数据来源于《中国金融年鉴》，预算内地方公共财政收入数据来源于《中国财政年鉴》，土地出让金数据来源于《中国国土资源统计年鉴》，能源消费量数据来源于《中国能源统计年鉴》。我国资本存量数据是具有争议的，本研究采用许多文献使用的单豪杰估算方法的数据。数据的估计使用永续盘存法，首先估计基年值，然后以一定折旧率对资本折旧，再加入当期新的资本投入，获得当期的资本存量。为了将回归结果系数的含义转换为弹性概念，将所有非比例变量取自然数对数。本研究使用的各变量的定义、公式以及描述性统计结果列在表 6.1 中。

表 6.1　变量定义及描述性统计结果

变量	变量名称（单位）	变量公式	样本数	均值	标准差	最小值	最大值
GDP	人均实际 GDP/元	$\frac{名义GDP}{人口\times平减指数}$	570	6 468.2	5 706.6	704.4	39 985.9
Ld	土地财政相对规模	$\frac{土地出让金}{预算内地方财政收入}$	570	0.371	0.271	0.003 5	1.705
Lp	人均土地出让收入/元	$\frac{土地出让金}{人口}$	570	1 232.3	1 623.7	1.3	9 489.9
K	人均资本存量/元	$\frac{总资本存量}{人口}$	570	14 908.5	14 603.3	1 043.3	100 172.2
En	人均能源消费/t	$\frac{能源消费总量}{人口}$	570	2.605	1.541	0.484	8.877
T	贸易开放程度	$\frac{进出口总额}{名义GDP}$	570	0.298	0.395 7	0.002 4	2.308
Fe	金融效率	$\frac{贷款余额}{存款余额}$	570	0.775	0.174	0.344	2.489
FDI	外商直接投资	$\frac{FDI总量}{人口}$	570	235.452	335.021	2.162	2250.693
SO_2	人均 SO_2 排放量（kg/人）	$\frac{SO_2排放总量}{人口}$	570	17.618	12.436	0.275	64.471

　　注：表中未标记单位的变量为比例变量。

　　基于前文所述变量，就土地财政对环境质量影响的研究建立模型。财政的功能之一是提供公共品的供给。土地财政对环境质量的影响可能通过经济增长传导至环境：土地财政对经济增长具有影响，根据 EKC 曲线，经济水平的高低会对环境质量产生不同程度的影响，这是政策的间接影响。土地财政对环境质量的间接影响是通过经济增长传导的。根据环境联邦主义（李拓，2016），公共品供给事务的分权可能带来地方政府的"逐底竞争"，这是指地方政府为了吸引更多投资倾向于放松环境管制执行标准，带来环境质量的恶化（王泠鸥，2019）。土地财政支持了地方政府分权，加大了其自主决定公共品供给结构的能力，使得地方政府可能倾向于增加对能源、交通和通信等基础设施的供给，从而减少了对良好环境质量的维持，这是政策的直接影响。可见，土地财政对环境质量的影响包含直接的和间接的两种，二者之和即总影响。

　　参照 Cole（2007）两阶段回归方法，评估土地财政对 SO_2 排放产生的总影响。两阶段回归方法由两个回归方程式组成。首先，计算土地财政对中介变量经济发展水平的影响大小，以经济发展水平为被解释变量，土地财政为解释变量进行回归。这是第一阶段回归，见式（6.1）。

$$\ln GDP_{it} = \alpha_1 \ln GDP_{it-1} + \alpha_2 Ld_{it} + \alpha_3 \ln K_{it} + \alpha_4 \ln En_{it} + BX_{it} + \mu_i + \delta_t + \varepsilon_{it} \tag{6.1}$$

式中，Ld_{it} 代表土地财政表征变量的当期值；$\ln GDP_{it}$ 代表人均 GDP 的当期值；$\ln K_{it}$ 代表人均资本存量；$\ln En_{it}$ 代表人均能源消费；X_{it} 为其他控制变量，包括贸易开放程度（T）、外商直接投资（FDI）和金融发展程度（Fe）；μ_i 代表不可观察的具有时间不变性的省份固定效应；δ_t 代表不可观察的时间固定效应；ε_{it} 代表随机误差项；α_1、α_2、α_3、α_4 为待估参数；下标 it 表示 i 地区 t 期的数据。为了更好地将系数转换为弹性概念，对所有非比例变量取自然底对数。

　　接下来，基于 EKC 曲线，建立土地财政对 SO_2 回归的模型，计算得到土地财政变量的回归系数以及经济发展水平的回归系数。这是第二阶段回归，见式（6.2）。需要注意的是，在第二阶段回归中，经济发展水平代入的是第一阶段回归的拟合值，并非二者的原始值。这样做的目的是分离出土地财政对 SO_2 排放的直接影响。

$$\ln SO_{2it} = \beta_1 \ln SO_{2it-1} + \beta_2 Ld_{it} + \beta_3 \ln GDP_{it} + \beta_4 \ln^2 GDP_{it} + \beta_5 \ln^3 GDP_{it} + BX_{it} + \gamma_i + \omega_t + \rho_{it} \tag{6.2}$$

式中，SO_{2it} 和 SO_{2it-1} 分别代表第 t 期和滞后一期人均 SO_2 排放量；Ld_{it} 代表土地财政相对规模的当期值；$\ln GDP_{it}$、$\ln^2 GDP_{it}$ 和 $\ln^3 GDP_{it}$ 代表人均 GDP 的当期值、二次项和三次项；X_{it} 为控制变量，包括第 t 期人均能源消费、产业结构、人均资本存量和城市化率；γ_i 代表不可观察的具有时间不变性的省份固定效应；ω_t 代表不可观察的时间固定效应；ρ_{it} 代表随机误差项；β_1、β_2、β_3、β_4、β_5 为待估参数。

　　根据两阶段回归的结果可以分别计算得到土地财政对 SO_2 排放的直接影响和间接影响，并通过二者加和计算总影响，如式（6.3）。

$$\frac{d(\ln SO_2)}{d(Ld)} = \frac{\partial(\ln SO_2)}{\partial(Ld)} + \frac{\partial(\ln SO_2)}{\partial(\ln GDP)} \frac{\partial(\ln GDP)}{\partial(Ld)} \tag{6.3}$$

　　式（6.3）右侧第一部分是土地财政对 SO_2 排放的直接影响，得到的结果在所有 GDP 水平下是保持不变的。式右侧第二部分是土地财政经由经济增长对 SO_2 排放的间接影响，由于 EKC 曲线的非线性关系，间接影响的大小取决于 GDP 水平的高低。因而，土地财政

对 SO_2 排放影响的大小取决于 GDP 水平的高低。

考虑到面板数据兼具时序和截面两个维度的特征，本研究选择 1998～2016 年省级面板数据进行分析。土地财政与经济增长以及经济增长和 SO_2 排放量和浓度之间可能存在双向因果关系，即具有内生性的问题。Hansen（1982）发明了广义矩估计（Generalized method of moments，GMM）方法。该方法允许随机误差项存在异方差和序列相关，能够更好地克服内生性问题。因此本研究分别通过差分 GMM 和正交 GMM 方法对参数进行估计。

6.3.2 两阶段回归结果

本节将就两阶段回归结果的合理性以及控制变量进行分析。表 6.2 和表 6.3 分别报告了第一阶段回归结果和第二阶段回归结果。四种研究方法得到的系数定性方向基本相同，因此，本研究的结果是稳健的。首先对 GMM 模型建立的合理性进行判断。主要的检验包括 Hansen 检验和 A-B 检验。Hansen 统计量表明在 5% 的显著性水平上无法拒绝"所有工具变量均有效"的原假设。AR(1) 和 AR(2) 报告了 A-B 检验的结果，回归结果中 AR(1) 均小于 0.1 且 AR(2) 大于 0.1，说明 GMM 模型建立得是合理的。

表 6.2 土地财政对人均 GDP 的回归结果

变量	POLS	FE	差分 GMM	正交 GMM
lnGDP	0.970 ***	0.916 ***	0.700 ***	0.891 ***
	(0.005 02)	(0.012 6)	(0.019 5)	(0.024 1)
Ld	0.049 5 ***	0.043 1 ***	0.042 0 ***	0.034 0 ***
	(0.004 40)	(0.004 94)	(0.002 77)	(0.007 64)
ln$K$	0.000 236	0.017 5 *	0.153 ***	0.008 20
	(0.003 77)	(0.009 36)	(0.015 4)	(0.021 5)
lnEn	0.017 9 ***	0.060 5 ***	0.104 ***	0.109 ***
	(0.003 19)	(0.006 07)	(0.008 42)	(0.017 7)
T	-0.000 441	0.019 2 ***	0.028 6 ***	0.013 6
	(0.003 53)	(0.006 08)	(0.003 87)	(0.014 6)
Fe	-0.028 3 ***	-0.041 8 ***	-0.065 1 ***	-0.041 7 **
	(0.006 87)	(0.006 83)	(0.007 01)	(0.017 4)
FDI	1.87e-05 ***	3.29e-05 ***	8.03e-05 ***	7.66e-05 **
	(5.15e-06)	(6.84e-06)	(1.52e-05)	(3.28e-05)
Constant	0.286 ***	0.525 ***		
	(0.020 8)	(0.033 2)		
R^2	0.999	0.998		
F	0.000	0.000		
Hansen			0.443	1.000
AR(1)			0.001	0.001

变量	POLS	FE	差分 GMM	正交 GMM
AR(2)			0.221	0.221
观测量/省份	540	540/30	510/30	510/30

注：＊＊＊$P<0.01$，＊＊$P<0.05$，＊$P<0.1$。回归系数下面括号中表示的是标准误，Hansen test、AR(1)、AR(2) 的数为 P 值。l. 表示取一阶滞后。ln 表示取对值。

表6.3　土地财政对人均二氧化硫的回归结果

变量	POLS	FE	差分 GMM	正交 GMM
l. $\ln SO_2$	0.912 ***	0.774 ***	0.574 ***	0.709 ***
	(0.020 0)	(0.037 1)	(0.040 6)	(0.022 5)
Ld	0.097 2 ***	0.168 ***	0.105 ***	0.233 ***
	(0.033 6)	(0.042 3)	(0.010 7)	(0.014 4)
$\ln GDP$	3.442	−1.865	−5.667 **	−3.838 ***
	(2.181)	(2.463)	(2.530)	(1.054)
$\ln^2 GDP$	−0.462	0.267	0.669 **	0.513 ***
	(0.286)	(0.327)	(0.334)	(0.137)
$\ln^3 GDP$	0.019 1	−0.014 0	−0.029 0 **	−0.024 5 ***
	(0.012 5)	(0.014 4)	(0.014 6)	(0.006 03)
$\ln Indus$	0.511 ***	0.775 ***	3.019 ***	0.851 ***
	(0.128)	(0.236)	(0.147)	(0.265)
$\ln En$	0.142 ***	0.164 **	0.304 ***	0.268 ***
	(0.032 5)	(0.065 5)	(0.044 1)	(0.030 5)
T	0.090 6 ***	0.040 8	−0.074 4 ***	0.043 7 **
	(0.029 0)	(0.050 9)	(0.019 5)	(0.020 9)
City	0.001 46	−0.002 44	0.011 8 ***	−0.004 08 **
	(0.001 36)	(0.002 70)	(0.002 29)	(0.002 03)
C	−8.138	5.067		
	(5.520)	(6.207)		
R^2	0.926 7	0.902		
F	0.000	0.000		
Hansen			1.00	1.00
AR(1)			0.002	0.001
AR(2)			0.329	0.351
观测量/省份	540	540/30	510/30	510/30

注：＊＊＊$P<0.01$，＊＊$P<0.05$，＊$P<0.1$，回归系数下面括号中表示的是标准误，Hansen test、AR(1)、AR(2) 的数为 P 值。l. 表示取一阶滞后。ln 表示取对值。

从表6.2中可知，人均 GDP 的滞后一期的估计系数显著为正，表明中国经济增长会受到前期影响，说明中国的经济增长具有惯性。POLS、FE、差分 GMM 与正交 GMM 的回归结果均表明土地财政促进了中国经济增长。其中，根据 POLS 模型的结果，土地财政对经济增长的促进作用最大。此外，资本、人均能源消费、贸易开放程度和外商直接投资的系数均显著为正，但金融发展和经济增长的关系为负数。

根据表 6.3 动态面板数据的估计结果可知，人均 SO_2 排放量的一阶滞后项显著为正，上一期人均 SO_2 排放对当期人均 SO_2 排放有显著的正向影响。具体地，滞后项的回归系数为 0.57，即上期 SO_2 排放增加 1%，当期 SO_2 排放增加 0.57%。土地财政与 SO_2 排放呈现正相关关系，而经济增长与 SO_2 排放之间呈倒 N 形。

对影响 SO_2 的控制变量进行简要的分析，产业结构和人均能源消费对人均 SO_2 排放产生正向的影响。人均能源消费每增加 1%，人均 SO_2 排放增加 0.304%。这说明人均能源消费对 SO_2 排放具有显著的影响。

6.3.3 土地财政对环境质量的间接影响

土地财政通过影响经济增长这一中介变量影响 SO_2 排放的。根据表 6.2，土地财政对人均 GDP 具有显著的正向影响，这与已有的研究结果是基本一致的（Ma，2018；杜雪君等，2009；岳树民和卢艺，2016；张敬岳和张光宏，2018；葛扬和钱晨，2014）。具体地，土地财政相对规模每增加 10 个百分点，人均 GDP 约增加 0.42%。判断土地财政的间接影响需要计算经济增长对 SO_2 浓度的影响大小，即 EKC 曲线。图 6.2 绘制了以差分 GMM 结果为基础的 EKC 曲线。由图可见，经济增长对 SO_2 排放量的影响是单调递减的。

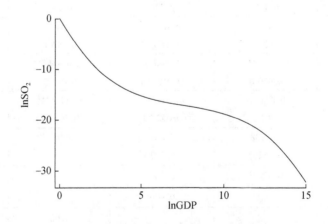

图 6.2 经济增长对人均 SO_2 排放量的影响

计算土地财政经过中介变量经济增长影响 SO_2 人均排放量的弹性的公式如式（6.4），代入实证结果中对应系数为 $0.0420 \times (-5.667 + 2 \times 0.669 \times \ln GDP - 3 \times 0.029 \times \ln^2 GDP)$。这一数值恒为负，即该间接影响显著为负。该间接影响随着人均 GDP 水平的提升先增加再持续减小，人均 GDP 达到 2185.6 元时为拐点。以 2016 年各省（自治区、直辖市）人均 GDP 中位数为例，计算得到的间接影响的弹性为 -0.0304。即土地财政相对规模比例每提高 10 个百分点，人均 SO_2 排放会降低约 0.3%。

$$a = \frac{\partial(\ln SO_2)}{\partial(\ln GDP)} \frac{\partial(\ln GDP)}{\partial(Ld)} \qquad (6.4)$$

6.3.4　土地财政对环境质量的直接影响

为考察土地财政对人均 SO_2 的直接影响，计算直接影响大小公式为式（6.5），即表 6.3 中土地财政相对规模对应的回归系数。四种方法下的该回归系数均显著为正，说明土地财政对人均 SO_2 排放的直接影响是存在的。差分 GMM 的结果显示，土地财政直接影响的大小为土地财政相对规模每增加 10 个百分点，人均 SO_2 排放近似增加 1.1%。这一直接影响的原因可能是土地财政收入有助于提高地方政府公共品供给的裁量权（孙辉和姚艳燕，2013）。地方政府倾向于追求更高的土地财政收入，在环境管制标准的执行力度上有所降低。这使得企业的气体污染物排放未达到标准，带来了空气中人均 SO_2 排放量的升高，环境质量因此恶化。

$$b = \frac{\partial(\ln SO_2)}{\partial(Ld)} \qquad (6.5)$$

6.3.5　土地财政对环境质量的总影响

以上我们利用中国的省级面板数据证实了土地财政对人均 SO_2 排放具有直接和间接影响。其中，直接影响显著为正，恒定不变；间接影响是由经济增长作为中介变量传导的，显著为负，影响的大小在不同人均 GDP 水平上不同。本节将直接影响、间接影响和总影响绘图表现出来，如图 6.3 所示。土地财政对人均 SO_2 排放的总影响是非线性的，随着人均 GDP 水平的升高先增加后持续减小，拐点为 2185.6 元。在拐点时，土地财政对人均 SO_2 排放的影响达到最大，总弹性为 0.083。即土地财政相对规模每增加 10 个百分点，人均 SO_2 排放增加约 0.83%。

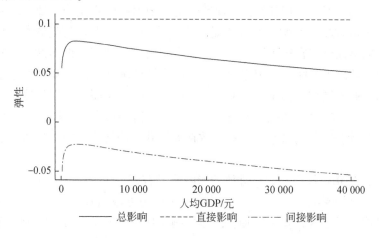

图 6.3　土地财政相对规模对人均 SO_2 的直接影响、间接影响和总影响

表 6.4 报告了以差分 GMM 的回归结果为基准，根据 2016 年样本内人均 GDP 的中位数计算得到的总影响结果。根据式（6.3）计算，总影响由直接影响和间接影响相加得到。在样本期人均 GDP 中位数水平 9992 元的情况下，土地财政相对规模每增加 10 个百分点，人均 SO_2 排放约增加 0.74%。这说明，土地财政模式会带来空气中人均 SO_2 排放量的升高，不利于环境质量的改善。

表 6.4　土地出让规模对 SO_2 排放的总影响

影响	POLS	FE	差分 GMM	正交 GMM
直接影响	0.0972	0.1680	0.1050	0.2330
间接影响	−0.0103	−0.0220	−0.0304	−0.0212
总影响	0.0869	0.1460	0.0746	0.2118

注：2016 年 30 省（自治区、直辖市）人均 GDP 中位数为 9992 元，本表为该水平下土地出让金规模对 SO_2 排放的总影响。

6.4　本章小结

改革开放以来，我国的经济发展取得了巨大的成就。然而，我国经济的高速成长带来了严重的环境污染，其中的一个重要原因是过去几十年的粗放型经济增长。这种经济增长方式很大程度上源于地方政府行为。"土地财政"模式往往是地方政府的常态，它既被认为是中国经济增长奇迹的一个重要原因，也被视为一种不可持续的模式。本章主要探讨了土地财政的经济影响与环境影响，研究如何进行土地财政模式调整，能够在保证经济增长的同时实现环境污染物排放的减少。具体而言，本章选取 1998~2016 年的省级面板数据，通过两阶段回归的方法，运用 GMM 进行计量分析，验证了土地财政对 SO_2 排放具有显著的直接和间接影响。主要结论如下。

（1）在我国粗放式经济发展中，土地财政增加了地方政府财政裁量权，对经济增长具有显著的正向影响。通过机理分析，本研究认为土地财政模式支持了地方政府分权。土地财政收入弥补了地方政府的财政收入不足，在一定程度上提高了地方政府的公共财政权力。这种权利的增加体现在经济增长和环境两个方面。一方面，根据财政分权理论，土地财政收入使地方政府更有能力决定当地公共品的供给情况。无论是基础设施建设还是投资带来的税收和就业的增加，都拉动了本地经济增长。另一方面，根据环境联邦主义，地方政府的分权将获得具有更多环境管理的权力，政府会因为追求地方经济增长影响"良好空气"这种非经济性公共品的供给。土地财政在促进我国经济增长的同时加速了我国环境质量的恶化。

（2）土地财政相对规模对 SO_2 排放的影响路径有两条，分别是直接影响与经由经济增长的间接影响。直接影响是指由于土地财政模式使地方政府在公共品供给中"重投资吸引，轻环境保护"带来 SO_2 排放增加，间接影响是指土地财政通过影响中介变量（经济增长）最终传递至 SO_2 排放。实证结果证实了两条影响路径是存在的。

（3）土地财政对 SO_2 排放具有显著的正向影响，不利于我国环境污染的治理。实证分析表明，尽管土地财政对经济增长具有拉动作用，但土地财政所带来的 SO_2 排放增加的环境负外部性已经超过了对经济增长的拉动作用。长期下去不利于我国 SO_2 排放强度的降低。

（4）土地财政对人均 SO_2 排放的总影响是非线性的，随着人均 GDP 水平的升高先增加后持续减小，拐点为 2185.6 元/人。在拐点时，土地财政对人均 SO_2 排放的影响达到最大，总弹性为 0.083。即土地财政相对规模每增加 10 个百分点，人均 SO_2 排放增加约 0.83%。

基于以上结论，我们得出以下政策建议。

（1）加速土地制度转型，确保替代形式平稳过渡。土地财政是从计划经济过渡到市场经济的具体表现形式，属于过渡形态。虽然土地财政带来了经济增长和产业结构转型，但地方政府无法通过土地财政获得长期经济增长的动力。随着人均 GDP 水平的增加，土地财政对 SO_2 排放的影响将会逐渐加大。我们要正确看待土地财政在我国经济增长、工业化、城市化中的积极作用，在平稳过渡的基础上寻找适合市场经济长期发展的财政形式，加紧土地财政转型，可以考虑向房产税过渡，合理减少各地土地财政相对规模。

（2）加强环境问题的集权管理，规范各地环境管制标准。本研究发现地方土地财政对 SO_2 排放具有直接影响，环境联邦主义中为吸引投资降低环境管制标准的问题确有出现。我国应加强在碳排放问题上的集权管理度，通过中央政府统一管理，进行顶层设计，树立合作共赢的理念。规范地方环境管制标准，防止各地政府为追求财政收入而进行"逐底竞争"，引导地方政府增加"非经济性"公共品的供给。

（3）加大转移支付中 SO_2 排放管理的支出预算。地方政府对于 SO_2 排放的管理需要资金的支持。转移支付作为一种收入再分配的形式，能够缓解地方发展不平衡的问题，是实现环境问题集权管理的重要途径。中央政府加大转移支付中 SO_2 排放管理的支出预算，确保用于节能减排的资金能够落实到位。

（4）多来源保证基础设施建设资金，拓宽供给渠道。土地财政是地方政府基础设施建设资金的重要来源，关于土地政策的改革兼顾基建资金的供给。地方政府探索非政府部门参与提供公共产品和服务，利用政府和社会资本合作（PPP）等方式满足资金需求，拓宽资金供给渠道，降低地方政府为追求地方建设而对土地财政的过度依赖。

参 考 文 献

蔡昉，都阳，王美艳.2008.经济发展方式转变与节能减排内在动力.经济研究，(6)：4-11,36.

曹洪军，赵芳.2006.宏观经济政策对资源环境保护的十大影响.环境科学研究，(5)：159-164.

陈宝东，邓晓兰.2017.财政分权、金融分权与地方政府债务增长.财政研究，(5)：38-53.

陈志勇，陈莉莉.2011.财税体制变迁、"土地财政"与经济增长.财贸经济，(12)：24-29,134.

杜雪君，黄忠华，吴次芳.2009.中国土地财政与经济增长——基于省际面板数据的分析.财贸经济，(1)：60-64.

冯雪艳，师磊，凌鸿程.2018.财政分权、产业结构与环境污染.软科学，32（11）：25-28.

葛扬，钱晨.2014."土地财政"对经济增长的推动作用与转型.社会科学研究，(1)：28-34.

郝宇，王泠鸥，吴烨睿．2018．新时代中国能源经济预测与展望．北京理工大学学报（社会科学版），20（2）：8-14.

孔善广．2007．分税制后地方政府财事权非对称性及约束激励机制变化研究．经济社会体制比较，（1）：36-42.

雷潇雨，龚六堂．2014．基于土地出让的工业化与城镇化．管理世界，（9）：29-41.

李斌，李拓．2015．环境规制、土地财政与环境污染——基于中国式分权的博弈分析与实证检验．财经论丛，（1）：99-106.

李强．2019．财政分权、环境分权与环境污染．现代经济探讨，（2）：33-39.

李拓．2016．土地财政下的环境规制"逐底竞争"存在吗？中国经济问题，（5）：42-51.

李勇刚，高波，许春招．2013．晋升激励、土地财政与经济增长的区域差异——基于面板数据联立方程的估计．产业经济研究，（1）：100-110.

刘建民，王蓓，陈霞．2015．财政分权对环境污染的非线性效应研究——基于中国272个地级市面板数据的PSTR模型分析．经济学动态，（3）：82-89.

祁毓，卢洪友，徐彦坤．2014．中国环境分权体制改革研究：制度变迁、数量测算与效应评估．中国工业经济，（1）：31-43.

单豪杰．2008．中国资本存量K的再估算：1952～2006年．数量经济技术经济研究，25（10）：17-31.

孙辉，姚艳燕．2013．土地财政、财力缺口与地方公共品提供．2013年岭南经济论坛暨广东经济学会年会论文集．

田建国，王玉海．2018．财政分权、地方政府竞争和碳排放空间溢出效应分析．中国人口·资源与环境，28（10）：36-44.

王永钦，丁菊红．2007．公共部门内部的激励机制：一个文献述评——兼论中国分权式改革的动力机制和代价．世界经济文汇，（1）：81-96.

吴勋，王杰．2018．财政分权、环境保护支出与雾霾污染．资源科学，40（4）：851-861.

吴延兵．2019．财政分权促进技术创新吗？当代经济科学，41（3）：13-25.

辛波，于淑俐．2010．对土地财政与地方经济增长相关性的探讨．当代财经，（1）：43-47.

杨志安，王佳莹．2018．财政分权与绿色全要素生产率——基于系统GMM及门槛效应的检验．生态经济，34（11）：132-139.

岳树民，卢艺．2016．土地财政影响中国经济增长的传导机制——数理模型推导及基于省际面板数据的分析．财贸经济，（5）：37-47，105.

张敬岳，张光宏．2018．土地财政对地方经济增长影响的实证分析．统计与决策，34（22）：147-150.

张克中，王娟，崔小勇．2011．财政分权与环境污染：碳排放的视角．中国工业经济，（10）：65-75.

张敏．2012．公共政策外部性：一个有待深化的学术领域．华东经济管理，26（12）：133-136，148.

张昕．2011．土地出让金与城市经济增长关系实证研究．城市问题，（11）：16-21.

张璇，袁浩铭，郝芳华．2018．财政分权对环保投资效率的影响研究——基于DEA-Tobit模型的分析．中国环境科学，38（12）：4780-4787.

周黎安．2007．中国地方官员的晋升锦标赛模式研究．经济研究，（7）：36-50.

邹秀清．2013．中国土地财政与经济增长的关系研究——土地财政库兹涅兹曲线假说的提出与面板数据检验．中国土地科学，27（5）：14-19.

Alamdarlo H N. 2019. Economic effects of environmental pollution tax on the wheat market. Journal of Agricultural Science and Technology, 21 (3)：503-516.

Chen H. 2006. Development of financial intermediation and economic growth：the Chinese experience. China

Economic Review, 17 (4): 347-362.

Cole M A. 2007. Corruption, income and the environment: an empirical analysis. Ecological Economics, 62 (3-4): 637-647.

Hafezalkotob A, Borhani S, Zamani S. 2017. Development of a cournot-oligopoly model for competition of multi-product supply chains under government supervision. scientia iranica. Transaction E, Industrial Engineering, 24 (3): 1519-1532.

Halkos G E, Paizanos E A. 2016a. The effects of fiscal policy on CO_2 emissions: evidence from the USA. Energy Policy, 88: 317-328.

Halkos G E, Paizanos E A. 2016b. Environmental macroeconomics: economic growth, fiscal spending and environmental quality. International Review of Environmental and Resource Economics, 9 (3-4): 321-362.

Hansen L P. 1982. Large sample properties of generalized method of moments estimators. Econometrica, 50 (4): 1029-1054.

Hao Y, Zhang Z Y, Liao H, et al. 2016. Is CO_2 emission a side effect of financial development? An empirical analysis for China. Environmental Science and Pollution Research, 23 (20): 21041-21057.

Li H, Fang K, Yang W, et al. 2013. Regional environmental efficiency evaluation in China: analysis based on the Super-SBM model with undesirable outputs. Mathematical and Computer Modelling, 58 (5-6): 1018-1031.

Liu G, Yang Z, Chen B, et al. 2016. Prevention and control policy analysis for energy-related regional pollution management in China. Applied Energy, 166: 292-300.

Liu J, Chen X, Wei R. 2017. Socioeconomic drivers of environmental pollution in China: a spatial econometric analysis. Discrete Dynamics in Nature and Society. 4673262.

Liu Y, Luo N, Wu S. 2019. Nonlinear effects of environmental regulation on environmental pollution. Discrete Dynamics in Nature and Society, (4): 1-10.

Lopez R O N, Galinato G I, Islam A. 2011. Fiscal Spending and the environment, theory and empirics. Journal of Environmental Economics and Management, 62 (2): 180-198.

Ma J W. 2018. Land financing and economic growth: evidence from Chinese counties. China Economic Review, 50: 218-239.

Marshall. 1980. Principles of Economics. London: Macmillan Press.

Oates W E. 1999. An essay on fiscal federalism. Journal of Economic Literature, 37 (3): 1120-1149.

Sadorsky P. 2010. The impact of financial development on energy consumption in emerging economies. Energy Policy, 38 (5): 2528-2535.

Song M, Du J, Tan K H. 2018. Impact of fiscal decentralization on green total factor productivity. International Journal of Production Economics, 205: 359-367.

Vanderkamp D, Lorentzen P, Mattingly D. 2017. Racing to the bottom or to the top? Decentralization, revenue pressures, and governance reform in China. World Development, 95: 164-176.

Wang J, Li H. 2019. The mystery of local fiscal expenditure and carbon emission growth in China. Environmental Science and Pollution Research, 26 (12): 12335-12345.

Zhang C, Xu J. 2012. Retesting the causality between energy consumption and GDP in China: evidence from sectoral and regional analyses using dynamic panel data. Energy Economics, 34 (6): 1782-1789.

Zhang K, Zhang Z Y, Liang Q M. 2017. An empirical analysis of the green paradox in China: from the perspective of fiscal decentralization. Energy Policy, 103: 203-211.

Zhang L，Zheng X. 2009. Budget structure and pollution control：a cross-country analysis and implications for China. China & World Economy，17（4）：88-103.

Zhou M，Wang T，Yan L，et al. 2018. Has economic competition improved China's provincial energy ecological efficiency under fiscal decentralization? Sustainability，10（7）：2483.

Zhu X，Lu Y. 2019. Fiscal and taxation policies，economic growth and environmental quality：an analysis based on PVAR model. In：IOP Conference Series：Earth and Environmental Science.

|第7章| 环境污染对中国经济增长的负面效应评估

随着改革开放以来我国经济的迅速发展，2010年起我国已成为仅次于美国的世界第二大经济体。然而在国民经济飞速发展的同时，环境污染问题也愈发突出。日益严重的污染形势不仅间接阻碍国民经济可持续发展，也给居民健康、生产活动带来了不容忽视的经济成本。环境污染对经济增长的负面效应机理如何体现？目前学界主要采取什么样的方法和途径核算和评估环境污染的经济成本？中国严重的雾霾污染问题给公共健康带来了多大的负面影响？本章主要围绕上述问题，从以下三个方面展开讨论。

- 环境污染对经济增长的负面影响机理如何？
- 如何测算环境污染带来的经济成本？
- 雾霾污染给中国带来的公共健康成本几何？

7.1 环境污染对经济增长负面影响机理

自从20世纪90年代西方经济学家提出EKC曲线理论，学界对其的一般界定是，随着工业化进程的推进与经济的持续增长，主要污染物排放将会增加，环境质量将会相应降低；但是在越过一个或若干拐点后，随着经济结构转型与创新发展，尽管经济持续增长，污染物排放增量会持续减少，环境质量逐渐得到改善。

其机理在于，首先，经济发展与结构、技术、规模间存在固有关系。细数人类经济的发展历程，均是由农业向重工业再向技术密集型产业发生转变，即第一、二、三产业依次向前迈进，而能源消耗也从重工业的"高污染、高消耗"向第三产业"低污染、低消耗"过渡，从而使环境状况由开始的恶化逐渐开始改善；随人类的经济发展水平逐步提高，对技术的投入也会逐渐增加，推进了生产技术和环保处理技术的革新，提高了资源的有效利用率，减少了污染物的排放；经济发展还意味着产出增加，在技术水平保持不变的情况下，产出增加就意味着资源投入量增多，污染物排放量增大。在经济发展初期，第三方面的影响超越第一方面和第二方面的累计叠加，此时资源环境水平处于下降阶段；而在经济发展到一定阶段后，第二方面和第三方面的影响叠加会超越第一方面的单独作用，宏观上呈现的就是随经济发展水平的逐渐提高，资源环境状况会逐渐开始改善。

其次，环保投资的增加。在经济发展初期，资源环境状况还处于较原始状态，相对而言人们更注重经济的发展，忽略资源和环境状况，无心也无力去加大环保的投资；但随着经济发展水平达到一定水平，资源环境恶化到一定程度后，形势会倒逼人类面对资源环境恶化的问题。故为了实现人类发展的可持续，人们开始加大环保资金的投入，努力改善生活环境，以期早日实现"绿色发展"。

最后，国民环保意识日趋增强。经济发展初期，人们处于资源丰富、环境良好但经济生活条件较差的状态，故人们的关注点普遍在如何让自己富裕起来，如何改善自己的生活水平，如何让经济腾飞，很少有人会注意当时的经济发展模式是否会带来负面影响。而在经济发展到一定阶段后，随着酸雨、雾霾、土地沙化等灾害给人们的日常生活带来极大负面影响，人们开始意识到过去行为的不当，政府开始建立健全环保法制，国民开始倡导环保、关注环境。正是这种由上而下主观环保意识的增强，点滴改善着我国的资源环境状况。

然而，EKC 曲线理论也存在着受指标选取及数据选取的影响比较大、未考虑环境自身的承受能力和可能影响环境污染的其他变量等固有弊端，不能简单地认为这就是环境污染与经济发展之间的客观规律，不能单纯地认为随着经济的发展环境质量自动会有所改善，从而对环境污染带给经济增长的负面效应无动于衷。

为此，本节从大气污染、水污染、固体废弃物污染对经济增长的负面影响机理出发，讨论环境污染对经济增长的负面影响机理。

7.1.1　大气污染对经济增长的负面影响机理

大气污染带来的经济损失主要分为以下四类：一是对人体健康的危害。健康损失有三条引发途径，包括吸入污染空气、表面皮肤接触污染空气和食入含大气污染物的食物。除了引起呼吸道和肺部疾病外，也可对心血管系统、肝等产生危害，甚至导致过早死亡。由此便带来了居民发病失能、住院医疗、过早死亡等直接损失以及误工费、交通费、陪护费等间接损失。二是对动植物的危害。动物可能由于吸入污染空气或食用被污染的食物而发病或死亡；污染空气使植物抗病力下降，进而影响其生长发育，使其在叶面出现伤斑或枯萎死亡。三是对物品的危害。如对建筑材料、纺织衣物、金属制品、文化艺术品等造成不可逆损害。增加家庭清洗费用，建筑材料、自行车腐蚀损失，以及文物价值损失等。四是对股市的危害损失。郭永济和张谊浩（2016）的研究表明，通过引起投资者情绪的变化导致风险偏好、交易意愿、理性预期等发生变化，从而对股票市场收益率、换手率、波动率产生影响。空气污染会增加投资者的负面情绪，进而干扰其理性判断和选择，使股票收益率下降。通过政策渠道、情绪渠道以及市场预期渠道三大途径分别影响监管部门、上市公司、本地投资者和外地投资者。

7.1.2　水污染对经济增长的负面影响机理

《2017 年中国生态环境公报》[①] 显示，我国 972 个国控断面中，Ⅰ类水质断面占比仅为 2.8%、Ⅱ 至Ⅳ类水质断面占比分别为 31.4%、30.3% 及 21.1%，而Ⅴ类以及劣Ⅴ水质

---

① 生态环境部 . 2017 年中国生态环境公报 . http：//www. mee. gov. cn/hjzl/zghjzkgb/lnzghjzkgb/201805/P0201805 31534645032372. pdf

断面占比为 5.6% 和 8.8%。纵观我国近年来整体的水环境状况，水质情况虽然有所改善，但是整体形势还是不容乐观。从近几年的各类水质断面占比情况可以看出，我国代表最好水质的 I 类水质断面占比仍然较低，还有相当数量的 V 类以及劣 V 水质断面亟须整治。

水污染对经济增长的负面影响机理主要体现在三个方面。一是对物的影响。指水体被污染，水质发生变化，导致水生环境发生变化，进而导致以其为水源的水生生物和陆生生物的多样性发生变化，造成生物多样性的损失。二是对事的影响。对经济活动的影响：由于水被污染，水质发生变化，导致与水有关的经济活动减少或终止。经济活动影响受体一般有工业企业、农牧渔产品、服务企业、船运业、旅游业等。对政策活动的影响：水污染事件发生之后，政府对环境政策、企业政策、居民服务政策都会做出调整。三是对人的影响。水污染导致饮用污染水的人群健康状况发生变化，发生医疗、陪护、交通等直接和间接费用，造成一定的健康成本。

7.1.3 固体废弃物污染对经济增长的负面影响机理

固体废弃物污染的负面影响机理主要体现于固体废弃物占用耕地以及污染土壤带来的经济损失。其一是土壤污染。由于国内城镇化建设发展迅速，因此可种植农作物的土地快速减少。而若有未经安全处置的固体废弃物被掩埋在土壤中，将会导致土壤营养及结构发生改变，造成重金属污染。在污染土壤中种植出来的农作物，若被人食用，将严重危害人体健康以及生命安全，由此变造成了居民健康成本。其二是占用耕地造成的经济损失。固体废弃物占用耕地，将会导致原有耕地无法有效种植作物，导致农作物减产甚至弃耕、弃林等现象。其带来的经济损失可以近似地视同耕地正常种植农作物的收益。

7.2 环境污染影响经济增长的机理和测算的评估综述

7.2.1 环境库兹涅茨曲线研究综述

国内外对 EKC 曲线理论研究主要分为以下几类。

第一类是对 EKC 曲线的证明或证伪。如 Grossman 和 Krueger（1991）首次提出了 EKC 假说，通过研究北美自由贸易区的 SO_2、烟尘等空气质量数据，建立了包括贸易密度、地理位置、时间趋势等自变量的回归方程，探究了北美自由贸易区的环境效应，发现 SO_2、烟尘基本上符合 EKC 曲线理论假说（倒 U 形关系）。Gozgor 和 Can（2016）以土耳其为例，研究 SO_2 排放量与该国经济增长之间的关系，结果表明 EKC 曲线存在。韩玉军和陆旸（2009）对 165 个国家进行分组检验后，发现只有在"高工业、高收入"的国家才会出现 EKC 曲线的倒 U 形趋势。综上，大部分学者得出的结论是 EKC 曲线存在，但也有部分否定了这一观点。另外，学界实证研究选取的环境质量指标已经非常广泛，涵盖了大气、水质、森林体系等。

第二类是对 EKC 曲线形状及转折点的研究。李鹏涛（2017）选取我国 31 个省（自治区、直辖市）的有关数据，构建面板模型来分析环境污染与经济增长的关系。其研究表明废水和经济增长之间的关系呈现倒 U 形，拐点出现在人均收入 2.7 万元左右；而废气与经济增长之间关系同样呈现倒 U 形，拐点出现在人均收入 8.8 万元左右。这表明我国废水治理较早，技术相对成熟，然而废气治理尚需加强。宋涛等（2007）选取我国 29 个省（自治区、直辖市）1985~2005 年的工业"三废"指标进行研究，发现废气和固体废物与人均 GDP 之间呈倒 U 形关系，符合 EKC 曲线的基本形状；而废水与人均 GDP 之间呈线性关系。陈向阳（2015）采用面板模型对我国的环境污染和经济增长之间关系进行研究，发现 SO_2 排放量、工业固体废弃物排放量与经济增长之间呈倒 U 形关系；工业废水排放量与人均 GDP 之间并不是呈倒 U 形关系，而是 N 形关系。由此发现，用我国不同样本、不同方法研究两者之间的关系得到的结论亦有差别。

通过国内外各专家学者的著作发现，首先，大多数环境及资源指标与人均收入之间呈现倒 U 形关系，但小部分也出现不规则情况；且相同指标不同区域间对应的拐点差距也比较大。其次，指标为排放量的拐点对应的人均收入普遍高于指标为浓度的拐点。此外，水体环境指标的拐点普遍比大气环境指标出现的早，说明改善水质的要求更为迫切。最后，大多数研究在进行分析时，会考虑多种其他因素，包括国家与地区之间的文化、政治、经济等差异。

7.2.2 环境污染的经济成本测算研究综述

我国的环境污染带来了很高的居民健康成本，也造成了十分严重的直接、间接经济损失。本节按污染类型分类，对测算环境污染的研究方法进行了梳理和总结。

1. 大气污染

在大气污染的经济成本评估中，主要以估算大气污染的居民健康成本为主。具体来说，就是先采用暴露–响应函数法等方法来评估大气污染导致的居民健康终点（如雾霾导致的过早死亡人数），再采用人力资本法、疾病成本法等方式将居民健康终点的经济成本进行量化。

1）暴露–响应函数法

暴露–响应函数法是指研究人员通过实验或者观测获取数据，从而建立环境污染物与污染受体之间的数量关系的方法。一般方法是观测在不同污染物浓度下，污染受体暴露在该污染物浓度下所发生的物理变化（如污染受体数量的减少），再根据这种变化的关系，利用市场价格进行测定或用影子价格进行调整，就能够估算出该污染物与其受体的价值损失。此方法由于有着直接的数量关系，常用于为其他的市场价值法提供基本信息，属于能较为准确地评价环境污染经济损失的方法之一。但是由于环境污染过程的复杂性，因此很难建立精确的暴露–响应方程。该方法获取数据的途径主要有以下两条：一是通过实验研究，可以对污染物进行控制变量的实验和模拟，从而测定污染受体的变化；二是通过大样本的观察收集信息，利用统计学对数据进行归纳分析，再试图建立关系模型。例如，Kan等（2008）以上海市为代表，利用空气污染物浓度及相关疾病门诊数据构建暴露-响应模型，研究得出2001年上海市雾霾污染所造成的健康损失超过60亿元，占当年上海全市GDP的1.04%。Wu等（2017）同样以上海市为例论述了$PM_{2.5}$污染对健康影响的经济成本，并得出了相应的污染管控建议。He等（2016）用暴露-响应法研究了2008年北京奥运会期间空气污染所造成的死亡率变化，并得出了PM_{10}污染物浓度下降10%可以令当月的全因死亡率降低8%的结论。

2）疾病成本法

疾病成本法又称医疗费用法，是一种用来评估环境污染导致人体健康受损以及附带的暂时劳动能力丧失而造成经济损失的方法，如生病误工造成的收入损失及相应的医疗费用门诊费、住院费和药费等。该方法的缺点：疾病成本法的假设是人们必须认为疾病是外生的，而没有意识到他们可以采取一定的预防性措施来降低成本（虽然采取预防措施的同时也会产生为减少健康风险而付出的成本）。此外，疾病成本法还排除了与疾病有关的非市场性损失，如个人所经受的痛苦以及工作之外的活动受到的限制。而在实际应用方面，李婕等（2018）以南京市的某在建工程土方施工过程为例，估算了该施工阶段施工扬尘造成的健康经济损失，证明根据疾病成本法构建的建筑施工扬尘健康经济损失计算模型是可靠的合理的，可用于评估由于施工扬尘引起的健康损失，并且能够为进一步决策提供指导。Miraglia等（2005）运用疾病成本法衡量了巴西圣保罗空气污染的经济成本，空气污染造成的间接健康成本约为322.27万美元。董莹等（2018）运用疾病成本法估算出宁波市2014~2016年大气$PM_{2.5}$污染大约引起6105名居民过早死亡，10 314例呼吸系统疾病住院和7972例心血管疾病住院，总归因健康经济损失为8.14亿元。

3）人力资本法

在劳动经济学的定义中，人力资本意为劳动者通过自身的知识、专业技能抑或是健康的身体而产生收益的一种资本。而在人力资本法中，个体是被视为一个经济资本单位，个体由于环境污染导致得病或者过早死亡的劳动价值等于个体未来的收益（收入）。尽管人力资本法属于对人体健康和生命的评估方法，然而因患病和伤痛等造成的精神和生理成本并不包含在内，这一方法主要计算由于医疗费用、误工及死亡的个人损失。在人力资本法的运用上有几点需要注意：一是当前环境污染物和相关疾病的关系难以确定，仍需要大量医学研究和实验获取数据；二是对于没有生产能力的人如儿童、家庭主妇，难以评价其人力资本；三是分析过早死亡的收益损失也要考虑到年龄的因素，但患病者的年龄存在个体差异而预期寿命是很难估量的；四是医药费用肯定存在着地区与时间上的差异。修正的人力资本法则是采用基准年的人均GDP看作个体对这社会的贡献，从全社会角度来考察人力资本。通过运用人力资本法，陈素梅（2018）以北京市为例，基于2009~2016年大气污染、健康统计学等相关数据，量化分析了北京市各城区雾霾污染的健康经济损失现状以及历史变化状况；研究显示2016年北京市雾霾污染造成的经济损失约为679.25亿元，其中朝阳区、海淀区、丰台区健康损失较为严重。刘帅等（2016）也以北京市为例，计算出因空气污染所致北京市居民平均工作年限损失为11.3年。

4）支付意愿法

正常来说，人们倾向于身体健康而不是生病，人们愿意为避免生病而支付更多的治疗或预防费用。例如，有的人在自身不缺钙的状况下，仍因担心可能缺钙而服用补钙的药物和保健品。基于这种情景，有了支付意愿法。以人们对规避死亡风险的支付意愿评估的健康损失能同时包含三类损失：直接经济损失、间接经济损失及无形损失。社会为减少由于环境污染造成的过早死亡而愿意支付的费用称为基于支付意愿（WTP）的生命价值（value of statistical life，VOSL），这正是社会愿意为降低一定的死亡风险或防止一个社会成员过早死亡而愿意付出的价值。利用问卷调查与访谈可以研究公众的支付意愿，从而估算被评估对象的经济价值。该方法的优点是它是当前唯一能评估环境物品的非使用价值方法。然而 WTP 法中涉及评测结果代表的只是疾病经济负担，不能用于衡量整个社会经济损失。对使用条件价值评估法调查人群大气污染健康风险结果的有效性进行评估，一直被认为存在一定困难，因为没有"标准的"或"正确的" WTP 或调查问卷可供参考，不同WTP 提问方法可能造成 WTP 结果差异很大。国外发达国家更偏向使用 WTP 法，该方法是当前唯一能评估环境物品的非使用价值方法。例如 Lin 等（2017）以 1997 年印度尼西亚跨国森林火灾引发的雾霾污染为例，调查新加坡国民应对污染的支付意愿，调查发现新加坡居民对雾霾污染的 WTP 为 0.97% 的年收入。Karimzadegan 等（2008）等运用 VOSL 方法估算伊朗德黑兰地区空气污染带来的健康损失，在研究中发现德黑兰地区 PM_{10} 污染物每增加 1 单位，将带来等同于 16 224 美元的健康损失。

5）伤残调整生命年法

上述各方法均没有将生命的价值计算在内，也未能考虑到疾病的非致命性后果，如患者生命质量的下降等。伤残调整生命年（DALY）法被认为是弥补上述传统方法局限性的较好工具。伤残调整生命年是指从发病到死亡所损失的全部健康寿命年，包括因早死导致的寿命损失年和疾病导致的健康损失年。某疾病的 DALY 值越大，表明该疾病的健康经济损失越高。疾病可能对人体健康带来过早死亡和残疾（包括暂时性失能与永久性失能）这两方面的风险，而他们均可带来人类的健康寿命的减少。通过估算某个地区各类疾病给健康寿命所带来的损害，可以合理地指出危害该地区的主要疾病和主要卫生问题，此法可以较为科学地对发病、残疾和死亡进行综合探究。沈洪兵和俞顺章（1999）在探讨中国伤残调整年指标时详细论述了雾霾引发伤残的相关指标；Cohen 等（2017）在研究空气污染的伤残调整生命年时发现 $PM_{2.5}$ 污染物于 2015 年在致死因素中排第十五位。Lehtomäki 等（2018）量化了芬兰 2015 年微粒、O_3 和 NO_2 的影响；根据其研究结果，环境空气污染造成了 34 800 个残疾调整寿命年的损失，而细颗粒物则是造成疾病负担的主要因素，这与以往的研究相符。世界卫生组织（WHO）也在 2009 年研究中国环境的疾病负担中说明了空气污染伤残损失的相关指标。

2. 水污染

一般而言，水污染造成的经济损失主要体现在水体的重置成本、水域生物多样性的损失成本以及渔业的损失成本上。本节主要介绍四种常用的测算水污染经济损失的方法：市场价值法、替代市场法、恢复费用法、污染损失率法。

1）市场价值法

市场价值法主要是把环境质量看作一个生产要素，再将这项生产要素的变化按照市场价格的变动加以衡量并反映出来。郑薇（2017）认为市场价值法可以把生态环境看成生态要素，故而采用此方法对 2014 年天津市水环境破坏引起的经济损失进行评估。何德炬和方金武（2008）认为市场价值法能适用于环境经济的平减分析。Long 等（2019）基于蒙特卡洛模型评估了工业废水处理的价值，将市场价值法应用于工业废水排放处理成本的估算之中。

2）替代市场法

替代市场法是指一件环境物品损害后又没有市场价格可以核算，便使用替代物的市场价格来衡量，通过考察环境物品与市场相关的行为，如此环境质量的经济价值便得以估算。例如高鑫等（2012）利用替代市场法对水资源的旅游价值、景观价值及居民舒适度进行估计，进而进行水资源价值量的核算，这也为后续学者进行经济损失分析提供了一种参考。

3）恢复费用法

恢复费用法又称重置成本法，该方法是通过估算环境被破坏后将其恢复原状所发生的费用以评估环境影响的经济价值。但采用重置成本法对环境资产进行评估时必须首先确定环境资产的重置成本，有时候这种评估难免主观或难以计算。孙金芳和单长青（2010）在测算滨州市生活污水损失时，利用 Logistic 模型法和恢复费用法测算了 2001～2008 年在化学需氧量的污染下的经济损失，发现 Logistic 模型法的估算结果相比更为可靠。张芳兰（2016）利用环境费用法对"互联网+"水环境责任审计进项环境治理成本的估计，明确了重置成本法对水污染治理成本的估计意义。Alexander 等（2007）运用恢复费用法评估了密西西比河至墨西哥湾流域氮、磷污染的经济损失。Long 等（2018）评估了太湖和海河流域水处理成本，并给出了相应恢复时间的估算。

4）污染损失率法

污染损失率法认为水体的功能价值会随着污染物浓度的不断增加，经济损失值会经历由快速增长到缓慢增长的过程，直至水体功能价值的完全丧失。朱发庆等（1993）通过结合 James 和 Lee（1984）提出的"损失–浓度曲线"建立了污染损失率的计算方法，即在某种水体污染物的浓度情况下对该水体造成的水污染经济损失值与水体总功能价值之比的计算，且这种比率被界定为该污染物对水体功能的损失率。程红光和杨志峰（2001）总结了水污染损失计算研究工作并利用计量经济学方法，分析了城市水污染经济损失的影响因素，通过建立水污染损害函数建立起城市水污染损失的经济计量模型。张增强（2005）引用李锦秀教授的测算水体污染物浓度与经济损失值的一些基本参数，将水体污染物浓度与经济损失之间符合曲线的关系使用函数表达法进行模拟，得出水质–经济影响曲线下不同的损失类型，再将之运用于计算全国的水污染损失，最后构建了一个污染损失计算系统。

3. 固体废弃物污染

固体废弃物污染所造成的经济损失则主要体现在固体废弃物占用耕地以及污染土壤带来的经济成本。目前学界对固体废弃物污染的经济成本核算的研究相对较少，对固体废弃物污染成本的专项研究十分少见，估算方法主要以治理成本法、机会成本法为主。

1）治理成本法

治理成本法具体指如果所有污染物均得到治理，则环境将不会被破坏。所以已发生的环境污染的经济价值应当等同于所有污染物治理所需的成本，其中包含实际治理成本和虚拟治理成本两个部分。环境污染损失价值等于环境污染虚拟治理成本加环境污染实际治理成本。污染虚拟治理成本是指在现有治理技术下，按照完全治理需求，对已排放的污染物进行全部治理所付出的资本投入；而污染实际治理成本是指当前已经发生的治理成本。王艳（2019）应用治理成本法，对陕西省 2011～2016 年固体废弃物污染的经济成本进行评估，发现陕西省工业固体废弃物虚拟治理成本总体呈下降趋势；从总体情况来看，固体废弃物污染实际治理成本呈不规则变动，由此造成了固体废弃物的总治理成本忽高忽低。虽然陕西省在固体废弃物污染方面的损失价值逐步减少，但与目前国内部分省份固体废弃物已实现零排放的结果比仍存在很大差距。Palmer 等（1997）从治理成本的角度分析固体废弃物成本问题，并研究了三种基于价格的固体废物减排政策。Callan 和 Thomas（2001）认为，城市生活垃圾服务的生产有两个主要组成部分即处理和回收，并且这两个活动之间可能存在成本互补性。

2）机会成本法

在经济学中，机会成本就是指资源有限的情况下，采用了资源的某种用途而使它失去在其他用途中可能获取的最大收益。因此，机会成本法较有利于评估不存在价格的自然资源，特别是对于无法逆转或具唯一性的自然资源的评估。例如，当一块土地被污染，不能进行农业生产或发展林业的情况下，这一土地遭污染带来的损失便可用机会成本进行估算，即这一土地用植树造林或种植农业作物所可能获取的最大收益便是它的污染经济损失。虽然机会成本法较为方便，但是在该方法使用中对于原有环境资源的替代品选取是具有一定的主观性的；而且如何选取其最大收益方案也需要进行测度，一般的方案选取原则是最大限度保持经济发展水平和人类生活质量不变。目前，我国对于固体废弃物的主要处理方式是堆放、贮存等，导致固体废弃物的再利用效率较低，且浪费了大量的占地面积，因此用于植物种植的土地面积就相对较少。假设所研究的固体废弃物占地面积全部用来种植，那么种植带来的收益则可以看作是固体废弃物损害的成本。唐有川（2018）提出了固体废弃物损害成本的计算公式：$I = S_w P_w L_w$；其中 I 代表损害成本，S_w 代表固体废弃物占地面积，P_w 代表农作物平均售卖单价，L_w 代表农作物产量。

7.3 中国雾霾污染造成的公共健康经济成本评估

城市空气污染尤其是雾霾污染已成为影响我国城市居民健康的重要因素。特别是 2012

年以来城市雾霾污染事件的频发，"雾霾围城"屡见不鲜，更是引起了整个社会的广泛关注。日趋严重的雾霾污染问题不仅严重危害着居民身心健康，引发居民罹患相应疾病或过早死亡，也由此带来了高昂的公共健康经济成本。

多数环境保护机构和组织普遍认为，大气污染物主要分为可吸入颗粒物、气态污染物（NO_2、SO_2）、持续性有机污染物以及重金属等。特别是在过去的 20 年里，流行病学界发现颗粒物是对人体危害最大的大气污染物，尤其是雾霾的主要成分之一细颗粒物 $PM_{2.5}$ 对人体健康威胁性更强（Rd et al.，2002），更容易引发居民呼吸系统疾病、心脑血管疾病、肺癌等疾病并增加过早死亡的风险。同时，国外学界也通过研究初步证明雾霾污染物短期浓度变化与居民逐日死亡数高度相关（Zhao et al.，2006）。据估算，世界范围内每年约有 200 余万人因大气污染中的细微粒物而死亡。然而如何才能准确评估雾霾污染物对公共健康的危害？怎样将其危害进行量化？如何根据这一环境外部性的表现形式来找到合适的政策机制和经济手段将这种环境外部性内部化？这些是我们在实现经济社会可持续发展的过程中无法回避的问题。

而以上问题的关键，就在于研究雾霾污染物浓度与居民健康水平之间的关系，并在此基础上将雾霾污染对公共健康造成的损失进行量化。为此，本节的研究主要由两个步骤组成。第一步，建立雾霾污染物浓度与特定居民健康终点之间的联系。具体来说，就是利用我国 140 个主要城市的微观数据，通过面板数据模型研究雾霾污染物浓度与居民死亡率的联系。第二步，则是在第一步的基础上运用基于支付意愿的统计生命价值法（VOSL）综合评估雾霾污染给居民健康带来的经济成本。最后基于上述实证研究有针对性地给予相关的政策建议，希望能够给我国雾霾防治工作提供一些借鉴和参考，将雾霾污染对公共健康的环境外部性内部化。

7.3.1 雾霾污染对居民健康效应实证分析

1. 计量模型设定

本研究采用面板数据模型分析雾霾污染对居民健康的影响，所设定的实证模型根据 Grossman 所创建的健康生产函数构建而成，将居民健康的影响因素确定为经济发展因素、城市绿化因素、公共卫生条件因素和雾霾污染因素，并利用我国 74 个主要城市的面板数据进行分析。设定的雾霾污染对居民健康效应的实证模型如式（7.1）。

$$\ln mortality_{it} = \alpha + \beta_1 \ln gdp_{it} + \beta_2 \ln pm_{it} + \beta_3 \ln green_{it} + \beta_4 \ln bed_{it} + \mu_{it} \qquad (7.1)$$

式中，i、t 分别表示城市和年份；mortality 为城市常住人口死亡率，反映居民健康水平；gdp 为人均 GDP，反映城市经济发展水平；pm 为 $PM_{2.5}$ 污染物浓度，反映雾霾污染水平；green 为城市绿化覆盖率，反映城市绿化水平；bed 为每万人拥有医疗卫生机构床位数量，反映公共卫生条件；α 为截距项；μ_{it} 为残差项。

2. 变量和数据说明

被解释变量为居民健康水平。在相关研究中，往往采用考察居民健康水平的平均指标或相对指标进行估计；而在以往的空气污染物对居民健康效应相关研究中，主要利用呼吸系统疾病、心脑血管疾病的发病率和死亡率等相关数据。在本研究中，考虑到数据的可获得性并参考世界卫生组织（WHO）对于健康的定义，采用城市常住人口死亡率（mor）来衡量所在城市的居民健康水平。

核心解释变量为雾霾污染物浓度。由于雾霾中污染物种类较多，本研究选取 $PM_{2.5}$ 粒子作为雾霾污染的代表性指标，主要基于以下几点原因：①一般粒径小于 $2.5\mu m$ 的细颗粒物能进入人体肺泡并通过气血交换进入血管，而大颗粒物通常仅能到达咽喉部位，$PM_{2.5}$ 粒子对人体的危害更大；②$PM_{2.5}$ 在空气中滞留时间较长，被吸入的可能性相对更大；③$PM_{2.5}$ 粒子的表面积相对较大，易吸附对人体健康有害的有机物和重金属，且 $PM_{2.5}$ 粒子在人体内活性较大，具有更高的毒性。因此雾霾污染中的 $PM_{2.5}$ 对人体健康影响比其他污染物更为显著。

控制变量主要从经济发展水平、城市绿化水平、公共卫生条件三个角度反映影响居民健康的因素。由于人均 GDP（gdp）可以较好地反映所在城市的经济发展状况与国民收入水平，并考虑到数据的可获得性，选用人均 GDP 作为反映经济发展水平的变量。选用城市绿化覆盖率（green）为指标反映城市环境绿化水平。基于数据可获得性的考虑，选用每万人拥有医疗卫生机构床位数量（bed）反映城市医疗资源情况，作为公共卫生条件的指标。

面板数据模型所采用的面板数据主要取自历年的《中国统计年鉴》《中国环境统计年鉴》《中国卫生统计年鉴》《中国城市统计年鉴》与由 NASA 图像转换的 $PM_{2.5}$ 污染物浓度数据，以及各市的国民经济和社会发展统计公报。所选取的样本区间为 2007～2016 年，样本城市为以京津冀城市群、长三角城市群、珠三角城市群、长江中游城市群、中原城市群、直辖市与省级行政中心城市为主的 140 个主要城市，共计 1400 个样本数据。为克服可能存在的异方差，对选用的数据做自然对数化处理，变量的统计区间全部为年度指标。同时为消除价格因素影响，利用 GDP 平减指数将人均 GDP 调整为以 2000 年为基期的可比价格。所使用的处理软件为 Stata14.1 for Mac。

3. 描述统计分析

1）变量描述统计特征

描述性统计情况如表 7.1 所示，在取自然对数前 140 个主要城市居民死亡率的平均水平为 5.9143‰，人均 GDP 均值为 32545.17 元，$PM_{2.5}$ 污染物浓度平均为 $35.3981\mu g/m^3$。

表7.1 变量的描述性统计

变量	原单位	均值	标准差	最小值	最大值	样本数
lnmortality	人/每万人	4.046 04	0.269 22	2.151 76	5.043 43	1 400
lnpm	$\mu g/m^3$	3.400 23	0.652 72	0.694 33	4.462 45	1 400
lngdp	元/人	10.191 68	0.594 62	8.104 35	13.328 0	1 400
lngreen	%	3.649 769	0.195 31	2.591 51	4.982 92	1 400
lnbed	个/每万人	3.774 61	0.442 08	1.636 46	6.458 91	1 400

居民死亡率的最低值出现在 2009 年的深圳市，最高值出现在 2015 年的吐鲁番地区。人均 GDP 的最低值出现在 2007 年的昭通市，最高值出现在 2016 年的东营市。$PM_{2.5}$ 污染物浓度的最低值出现在 2009 年的昌都地区，最高值出现在 2007 年的衡水市。城市绿化覆盖率的最低值出现在 2007 年的忻州市，最高值出现在 2014 年的秦皇岛市。每万人拥有医疗卫生机构床位数的最低值出现在 2016 年的克拉玛依市，最高值出现在 2012 年的哈尔滨市。从变量的描述性统计结果的初步对比中可以看出，$PM_{2.5}$ 污染物浓度最高的城市衡水市并不是居民死亡率最高的城市，而 $PM_{2.5}$ 污染物浓度最低的城市昌都也不是居民死亡率最低的城市，这说明居民健康水平在宏观上受多种因素的综合影响，经济发展水平、公共卫生投入、环境绿化等因素很可能会影响雾霾污染对居民健康的危害程度。

2）雾霾污染与居民健康关系的描述

基于对雾霾污染的病理研究相关文献，空气质量与居民的健康水平理论上应呈现出正相关的关系。图 7.1 所示的 $PM_{2.5}$ 污染物浓度与居民死亡率的拟合散点图就在一定程度上揭示了二者的正向变动关系。横轴为 $PM_{2.5}$ 污染物浓度，纵轴为居民死亡率，不难看出居民死亡率与 $PM_{2.5}$ 污染物浓度大致呈现同向变动的趋势。此外在图中也可以看出，拟合直线两端的散点分布呈现出不同程度的发散特征，雾霾污染物浓度大致相同的城市存在较为明显的死亡率差异，这说明居民健康水平同时受到多种因素的综合影响，同时也证明了在模型中引入控制变量的合理性。

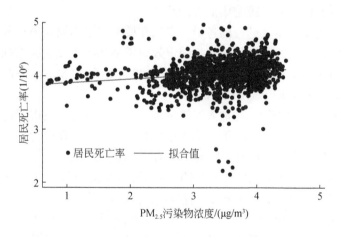

图 7.1　居民死亡率与 $PM_{2.5}$ 污染物浓度的拟合散点图

4. 回归分析

静态变截距面板数据模型主要由混合 OLS 模型、随机效应模型及固定效应模型三种组成。为比较各个模型的估计效果，笔者针对模型设定做了诊断检验。其中 F 检验表明本研究使用的面板数据采用混合 OLS 模型要优于固定效应模型，而 LM 检验的结果表明混合 OLS 模型要优于随机效应模型，因此采用面板数据混合回归模型进行估计。表 7.2 中给出了面板数据模型的估计结果。

表7.2　雾霾污染与居民健康模型估计结果

变量	模型一 混合 OLS	模型二 固定效应	模型三 混合 OLS
lnpm	0.074 108 ***	0.103 3 ***	0.092 534 ***
lngdp			−0.114 771 3 ***
lngreen			−0.004 405 6
lnbed			0.046 214 ***
截距项（均值）	3.794 055	3.694 796	4.742 755
R^2	0.032 3	0.050 8	0.086 0
Obs	1 400	1 400	1 400

注：*** 表示在1%的水平上显著。

由表7.2的估计结果可以看出无论是否加入控制变量，以 $PM_{2.5}$ 污染物浓度为表征的雾霾污染对居民健康水平的影响都非常显著。其中模型一为雾霾污染物与居民死亡率的面板数据混合回归估计。模型二为雾霾污染物与居民死亡率的面板数据固定效应估计。模型三则在模型一的基础上加入了控制变量。

模型一面板数据混合回归估计结果显示，宏观尺度上的雾霾污染与居民健康存在显著正相关关系；$PM_{2.5}$ 污染物浓度每增加1单位，每万人中死亡人数会相应增加0.074。这一结果可以体现出雾霾污染对居民健康危害的严重性。

在模型二中，出于模型稳健性的考量，我们在模型中采用固定效应模型对雾霾污染物与居民死亡率进行回归。回归结果表明，固定效应模型和随机效应模型的估计结果及系数符号大致相同，雾霾污染与居民健康存在显著正相关关系；$PM_{2.5}$ 污染物浓度每增加1单位，每万人中死亡人数会相应增加0.1033。

模型三中引入了控制变量，在加入经济发展（人均 GDP）、城市绿化水平（绿化覆盖率）、公共卫生条件（每万人拥有卫生医疗机构床位数）后，雾霾污染对居民健康的影响依然在1%的水平上显著，且影响系数从0.0741上升到0.0925。

而在控制变量中，人均 GDP 对居民死亡率的影响系数为负，且在1%的水平上显著，说明经济发展水平的提高能够有效改善居民的健康水平；人均 GDP 每提高1单位便可以使每万人中死亡人数相应地减少0.1138。人均 GDP 的增加不仅意味着居民生活水平的提高，也通常会带来家庭医疗保健支出的提升。家庭可以通过健康消费增强家庭成员的个人体质来增强抵御污染损害的能力，有效降低呼吸系统疾病与心血管疾病发病率；而家庭用于医疗消费的支出提高可以相应提升居民购买优质医疗卫生服务的支付意愿，增加救治机会，从而降低相关疾病死亡率。

城市绿化覆盖率与居民死亡率也呈负相关关系，尽管在统计上并不显著。绿化覆盖率每提高1单位可以使每万人中死亡人数减少0.0044。这一结果说明公共绿地、园林对大气污染物可能存在阻尘、减尘与滞尘作用，在一定程度上可能降低雾霾污染对居民健康的损害；但是只有进一步加大对城市绿化方面的投入，才能更显著地体现其降低居民健康损失的作用。

模型三中每万人拥有卫生医疗机构床位数对居民死亡率的影响系数为正，每万人拥有床位数每提高 1 单位，将会导致每万人中死亡人数相应增加 0.0462，表明各市的公共卫生条件未能对雾霾污染对居民健康危害起有效抑制作用。这与赵鹏飞（2012）的研究结果相符。这一统计结果的意义说明，单纯地追求医疗床位数的增长，并不一定能够带来健康水平的提高，相反可能会给健康带来消极的影响。因此，在增加公共医疗资源的同时，如何有效地提高资源利用效率，提高单位资源的健康生产效率是目前迫切需要解决的问题。

7.3.2 基于统计生命价值的雾霾污染对居民健康的经济成本评估

由于人力资本法和疾病成本法等对居民健康损失的评估方法往往与暴露-效应函数法相结合，受制于数据的可获得性，不适合样本城市较多的研究，因此我们采用统计生命价值（VOSL）法对我国城市雾霾污染居民健康成本中统计生命价值进行评估，由此进一步估算由于雾霾污染造成的超额死亡给居民健康带来的经济成本。

VOSL 法是一种在对健康损失的评估中常见的评价死亡风险的方法；VOSL 就是人们为了降低死亡风险而愿意支付的少量金额，而这些金额的总值就相当于一个统计生命。这是一种利用效用最大化原理的陈述偏好评估方法，在假设市场条件下调查居民对降低死亡风险的支付意愿（WTP），借此评估环境污染的经济成本。例如，某人若愿意在一年中支付 100 元来使其死亡风险降低万分之一，这就是其降低死亡风险的价值：100 元×10 000 = 1 000 000 元。随着环境经济学和健康经济学的发展，VOSL 已经被广泛应用于环境服务分析，成为健康价值核算领域的重要方法。

而在 VOSL 法的应用中，支付意愿（WTP）的经济学原理是假定居民对于环境服务具有某种消费偏好，不同水平的环境服务也能够为居民带来不同的效用，那么居民在选择环境服务时，将会根据预算约束来追求效用函数的最大化，用关于死亡率变化的 WTP 模型表示为

$$E\left[U(M,I-\text{WTP})\right]=(1-M)U(I-\text{WTP}) \tag{7.2}$$

式中，WTP 表示死亡率为 M 时的支付意愿；I 表示可支配收入；U 则表示在存活情况下的效用函数。根据消费者需求理论，由上式可以得出

$$\text{VOSL}=\frac{\text{dWTP}}{\text{d}M}=\frac{U(I-\text{WTP})}{(1-M)U'(I-\text{WTP})} \tag{7.3}$$

1. 统计生命价值（VOSL）评估

基于目前对于减少雾霾污染和大气污染支付意愿的研究，学界认为降低中国城市雾霾污染或大气污染的人均 VOSL 大致为 150 万元（以 2015 年不变价计算），我国人均总体健康 VOSL 大致为 250 万元（以 2015 年不变价）。郝枫和张圆（2019）通过测算认为 2016 年我国人均总体健康 VOSL 为 261.59 万元；Yu 等（2019）调查的南京市 2014 年居民人均 VOSL 约为 42.68 万美元；徐晓程等（2013）通过我国大气污染的 meta 分析发现我国大气污染相关的城镇居民 VOSL 约为 159 万元；Hao 等（2019）通过对支付意愿的调查，得出

我国 74 个主要城市的雾霾污染相关 VOSL 为 152.5 万元。鉴于本研究的是雾霾污染相关统计生命价值，因此采用 Hao 等（2019）的测算结果作为雾霾污染带来过早死亡的 VOSL 基准。

2. 居民健康成本估算

为了更加直观地估算并体现雾霾污染所导致的居民健康成本，笔者将模型三中的核心解释变量 $PM_{2.5}$ 污染物浓度转化为绝对值形式，那么死亡人口 $pm^{0.093}$ 可以近似看作由于 $PM_{2.5}$ 污染物所导致的每万人中死亡人数。则根据我国 140 个主要城市的常住人口数量、$PM_{2.5}$ 浓度和估算出的我国城市雾霾污染的 VOSL，就可以得出雾霾污染所导致的居民健康成本。

本研究采用 Hao 等（2019）对我国城市雾霾污染 VOSL 的估算结果作为过早死亡带来的人均健康损失基准，得出人均 VOSL 为 152.5 万元。由此可计算出，我国 140 个主要城市 2015 年因 $PM_{2.5}$ 相关疾病而死亡的人数约为 100 715 人。其过早死亡带来的经济成本为 100 715 人×152.5 万元 = 15 359 037.5 万元，即约 1536 亿元，约合 2015 年我国 140 个主要城市 GDP 总量的 0.4%。

7.3.3 结论与政策建议

1. 结论

在以上的讨论中，我们采用面板数据模型实证检验了雾霾污染对公共健康的影响，且进一步利用 VOSL 方法得出了我国城市雾霾污染的统计生命价值，最后推算了因雾霾污染导致的超额死亡所带来的居民健康经济成本。本研究的基本结论：我国城市雾霾污染对公共健康造成了严重危害，$PM_{2.5}$ 污染物浓度每增加 1 单位，每万人中死亡人数会相应增加 0.093；而经济发展水平的提高、城市环境绿化水平的上升可以有效降低这种死亡风险，但公共卫生条件未能对雾霾污染的危害起有效抑制作用；单纯地追求医疗资源的增加而不顾医疗资源的有效配置对于抑制雾霾污染的健康损失没有意义；我国雾霾污染相关的统计生命价值约为 152.5 万元人民币，与西方发达国家相比仍处于偏低的水平；2015 年我国 140 个主要城市因 $PM_{2.5}$ 所导致的过早死亡人数约为 100 715 人，所带来的经济成本约为 1536 亿元，约合当年 140 个主要城市 GDP 总量的 0.4%。雾霾污染带来的公共健康经济成本十分显著，采取综合手段治理雾霾、降低其带来的公共健康成本是我们在未来的可持续发展中不容忽视的问题。

2. 相关对策

为降低雾霾污染的负外部性给公共健康带来的负面效应，提升应对和治理雾霾污染的效率。基于实证发现和上述结论，从行政、经济、法律手段三方面强调如下几点对策，以期能够给雾霾污染防治工作提供一些帮助和参考。

1) 行政手段

（1）科学制定城区和企业建设规划。特别是科学定位城市功能区，合理布局工业企业。对可能造成大气污染的企业严格要求其进行清洁生产，对其废弃污染源实施达标排放，严格禁止在城区上风向的地区新建废气排放量较大的工业企业。

（2）加强环境监测与监管。除了加强对排放大气污染物的企业和单位的监管力度，更重要的是加强对机动车尾气排放这一无组织排放源的治理。与此同时，完善大气质量监测网络，定期发布大气环境质量公报并实现污染源的动态监测。

（3）加大环保投入，提高环保意识。环保资金投入是生态环境改善和环境污染防治中的重要因素，政府通过国家财政、环境税、排污权交易及私人捐助等多种方式筹集资金，成立城市雾霾污染治理专项基金。此外，政府在全社会范围内加强环保宣传教育，普及雾霾污染的危害和个人防治措施，培育环境公德，使群众自发意识到烧荒、燃烧秸秆等行为将会加重雾霾污染；并鼓励居民使用个人防护设备如 N95 型口罩、空气净化器等。

2) 经济手段

（1）优化能源结构，鼓励清洁能源发展。当前我国城市能源结构大多仍以煤炭为主，机动车燃料以汽油、柴油为主。为此，大力推广清洁能源，在工业、供暖等领域鼓励"煤改气"，在交通领域鼓励"油改气"和新能源汽车，完善对新能源的补贴政策和方案，积极发展城市轨道交通。同时大力发展风能、太阳能等清洁能源。

（2）引入庇古税（环境税），加快建立排污权交易市场。庇古税是依照排污者污染环境资源所造成的环境危害程度对排污者进行征税的一种税种。具体来说就是对开发、使用环境资源的企业或个人，依照其对环境资源的污染或保护的程度进行征税或者减免税收。通过税收手段来使污染社会成本和私人成本相等。利用税收杠杆明确企业、个人和政府在治理雾霾污染中的责任，促进雾霾污染责任方减少污染物排放、自觉寻求清洁技术。而排污权交易市场也能令企业主动增加对减排设备的投资，激励企业自发的环保行为。

（3）切实加强公共卫生资源配置效率。从本研究的计量结果中，我们发现随着医疗卫生机构床位数的增加，居民死亡率不降反升。其潜在原因是我国目前的医疗服务体系效率和医疗资源配置效率低下所致。过多的床位意味着更多的医疗供给诱导需求，而医疗质量却很难被监管，使得医疗价格不断上涨的同时难以保证医疗质量同步提升。此外，医疗服务价格的上涨也可能导致低收入群体的医疗服务需求难以得到满足。因此，需要切实提高医疗资源配置效率，改变片面追求医疗资源增长的做法。

3) 法律手段

完善相应法律法规，加大执法力度。目前我国国家和地方层面分别有《中华人民共和国大气污染防治法》《四川省灰霾污染防治实施方案》等关于防治雾霾污染的法律法规，但其中部分条款仍需进一步完善，才可使环保执法有法可依。例如，《甘肃省关于征收超标排污费的若干个规定》中就尚未明确规定对机动车排污收费，因此在法律实践中征收机动车排污费曾遭受质疑。此外，许多地方仍未出台地方性雾霾防治法规或政策，重视程度不足。与此同时，环境保护部门还需加强环保执法力度，严格执行相应奖惩措施，才能让环保法规真正得以落实。

参 考 文 献

陈素梅.2018.北京市雾霾污染健康损失评估：历史变化与现状.城市与环境研究，(2)：84-96.

陈向阳.2015.环境库兹涅茨曲线的理论与实证研究.中国经济问题，(3)：51-62.

程红光，杨志峰.2001.城市水污染损失的经济计量模型.环境科学学报，21（3）：318-322.

董莹，许国章，王爱红，等.2018.2014-2016年某市城区$PM_{2.5}$污染对居民健康危害及经济损失评估.中国预防医学杂志，19（8）：579-582.

高鑫，解建仓，汪妮，等.2012.基于物元分析与替代市场法的水资源价值量核算研究.西北农林科技大学学报（自然科学版），40（5）：224-230.

郭永济，张谊浩.2016.空气质量会影响股票市场吗？金融研究，(2)：71-85.

韩玉军，陆旸.2009.经济增长与环境的关系——基于对CO_2环境库兹涅茨曲线的实证研究.经济理论与经济管理，(3)：5-11.

郝枫，张圆.2019.我国城镇居民健康资本的省际差异与空间效应.商业经济与管理，328（2）：64-75.

何德炬，方金武.2008.市场价值法在环境经济效益分析中的应用.安徽工程科技学院学报（自然科学版），(1)：68-70.

李婕，毛鹏，魏嘉玮，等.2018.建筑施工扬尘的健康经济损失评估.土木工程与管理学报，35（6）：208-214.

李鹏涛.2017.中国环境库兹涅茨曲线的实证分析.中国人口·资源与环境，27（S1）：31-33.

刘帅，贾志勇，宋国君.2016.人力资本法在空气污染生命健康损失评估中的应用.环境保护科学，42（3）：48-52.

沈洪兵，俞顺章.1999.残疾调整生命年（DALY）指标的原理及其统计方法.现代预防医学，(1)：66-68.

宋涛，郑挺国，佟连军.2007.环境污染与经济增长之间关联性的理论分析和计量检验.地理科学，27（2）：156-162.

孙金芳，单长青.2010.Logistic模型法和恢复费用法估算城市生活污水的价值损失.安徽农业科学，38（21）：11443-11444.

唐有川.2018.突发性环境污染事故损害成本测算方法研究.环境科学与管理，43（12）：29-32.

王艳.2019.陕西省环境污染损失价值评估——基于2011—2016年陕西省环境污染排放数据.西安石油大学学报（社会科学版），28（1）：32-36.

徐晓程，陈仁杰，阚海东，等.2013.我国大气污染相关统计生命价值的meta分析.中国卫生资源，(1)：64-67.

张芳兰.2016."互联网+"水环境责任审计在治理水污染中的作用机制探讨.赤峰学院学报（自然版），32（18）：55-57.

张增强.2005.我国水污染经济损失研究.北京：中国水利水电科学研究院硕士学位论文.

赵鹏飞.2012.公共卫生支出与国民健康及经济发展的关系研究.北京：北京交通大学博士学位论文.

郑薇.2017.天津市2014年水环境破坏经济损失评估.环境研究与监测，30（3）：28-34.

朱发庆，高冠民，李国偁，等.1993.东湖水污染经济损失研究.环境科学学报，13（2）：214-222.

Alexander R B, Smith R A, Schwarz G E, et al. 2007. Differences in phosphorus and nitrogen delivery to the gulf of mexico from the Mississippi River Basin. Environmental Science & Technology, 42 (3)：822-830.

Callan S J, Thomas J M. 2001. Economies of scale and scope: a cost analysis of municipal solid waste services. Land Economics, 77 (4): 548-560.

Cohen A J, Brauer M, Burnett R, et al. 2017. Estimates and 25- year trends of the global burden of disease attributable to ambient air pollution: an analysis of data from the Global Burden of Diseases Study 2015. The Lancet, 389 (10082): 1907-1918.

Desaigues B, Ami D, Bartczak A. et al. 2011. Economic valuation of air pollution mortality: a 9- country contingent valuation survey of value of a life year (VOLY). Ecological Indicators, 11 (3): 902-910.

Gozgor G, Can M. 2016. Export product diversification and the environmental Kuznets curve: evidence from Turkey. Environmental Science and Pollution Research, 23 (21): 21594-21603.

Grossman G M, Krueger A B. 1991. Environmental impacts of a North American free trade aqreement (NO. w3914). Cambridge MA: National Bureau of Economic Research.

Hao Y, Zhao M, Lu Z N. 2019. What is the health cost of haze pollution? Evidence from China. The International Journal of Health Planning and Management. doi: 10. 1002/hpm. 2791.

He G, Fan M, Zhou M. 2016. The effect of air pollution on mortality in China: evidence from the 2008 Beijing Olympic Games. Journal of Environmental Economics and Management, 79: 18-39.

James L D, Lee R R. 1984. Economics of Water Resources Planning. New York: McGraw-Hill.

Kan H, London S J, Chen G, et al. 2008. Season, sex, age, and education as modifiers of the Effects of outdoor air pollution on daily mortality in Shanghai, China: the public health and air pollution in asia (PAPA) study. Environ Health Perspect, 116 (9): 1183-1188.

Karimzadegan H, Rahmation M, Farhud D D, et al. 2008. Economic valuation of air pollution health im pacts in the Tehran Area, Iran. Iranian Journal of Public Health, 20-30.

Lehtomäki H, Korhonen A, Asikainen A, et al. 2018. Health impacts of ambient air pollution in Finland. International Journal of Environmental Research and Public Health, 15 (4): 736.

Lin Y, Lahiru S W, Ryan A C. 2017. Singapore's willingness to pay for mitigation of transboundary forest-fire haze from Indonesia. Environmental Research Letters, 12 (2): 024017.

Long S, Zhao L, Liu H, et al. 2019. A Monte Carlo- based integrated model to optimize the cost and pollution reduction in wastewater treatment processes in a typical comprehensive industrial park in China. Science of the Total Environment, 647: 1-10.

Long S, Zhao L, Shi T, et al. 2018. Pollution control and cost analysis of wastewater treatment at industrial parks in Taihu and Haihe water basins, China. Journal of Cleaner Production, 172: 2435-2442.

Miraglia S G E K, Saldiva P H N, Böhm G M. 2005. An evaluation of air pollution health impacts and costs in São Paulo, Brazil. Environmental Management, 35 (5): 667-676.

Palmer K, Sigman H, Walls M. 1997. The cost of reducing municipal solid waste. Journal of Environmental Economics and Management, 33 (2): 128-150.

Rd P C, Burnett R T, Thun M J, et al. 2002. Lung cancer, cardiopulmonary mortality, and long-term exposure to fine particulate air pollution. Journal of the American Medical Association, 287 (9): 1132-1141.

Tseng C H, Lei C, Chen Y C. 2018. Evaluating the health costs of oral hexavalent chromium exposure from water pollution: a case study in Taiwan. Journal of Cleaner Production, 172: 819-826.

Wu, Rui, et al. 2017. Economic impacts from $PM_{2.5}$ pollution- related health effects: a case study in Shanghai. Environmental Science & Technology, 51 (9): 5035-5042.

Yu S Y, Qian Y. 2019. Estimated effects of air quality control measures on mortality reduction and economic benefits during the 2014 Nanjing Youth Olympic Games//IOP Conference Series: Earth and Environmental Science. IOP Publishing, 291 (1): 012001.

Zhao Y, Wang S, Aunan K, et al. 2006. Air pollution and lung cancer risks in China—a meta-analysis. Science of the Total Environment, 366 (2): 500-513.

第8章 加速中国环境库兹涅茨曲线"拐点"到来之路

8.1 可持续发展之路与生态文明建设

环境库兹涅茨曲线（EKC）作为一种经验现象，生动地刻画了一个国家在经济发展的道路上，环境污染先恶化后改善的过程（Deacon and Norman，2004）。在这一过程中，EKC曲线的"拐点"是经济增长与环境污染间相关关系的关键转折点。随着"拐点"的到来，经济增长对环境积极影响超过负面影响，环境污染也将不再伴随经济的增长而继续恶化。就我国的EKC曲线而言，"拐点"的到来是我们所喜闻乐见的。而"拐点"的提早到来，不但意味着该地区将具有前瞻性地提前步入可持续发展的环境友好型社会，还意味着该地区在发展历程中，将给地球环境造成更少的污染。所以，加速中国EKC曲线"拐点"的到来，符合我国人民乃至世界人民的长远利益。

要加速我国EKC曲线"拐点"的到来，首先应明确科学合理的发展方针，坚定信念走可持续的发展道路。当前，中国特色社会主义进入新时代，我国经济总量已跃升至全球第二位，国内社会的主要矛盾已经由"人民日益增长的物质文化需要同落后的社会生产之间的矛盾"转化为"人民日益增长的美好生活需要和不平衡不充分的发展之间的矛盾"。随着我国社会生产力的巨大进步和经济的跨越式发展，经济发展的方式相较于增速，更加深刻地影响百姓福祉，也更加广泛地受到社会各界的关注。面对日益严峻的资源和环境形势，处在内部经济增速放缓与外部贸易局势风云变幻的特殊历史时期的中国，更注重经济结构与发展模式的转型，一方面需要正确处理不同部门、不同区域以及不同社会阶层间发展的不平衡，另一方面也需要平衡好人与自然的关系、短期利益和长期利益的关系。

"可持续发展"作为科学发展观的基本要求和全面建设小康社会的重要目标，它要求我们的发展既能够满足当代人的需要，又不对后代人满足其需要的能力构成危害（Brundtland et al.，1987）。针对我国人口众多、自然资源短缺、经济基础和科技水平相对落后的现状，唯有控制人口、节约资源、保护环境，才能实现社会和经济发展的良性循环，使各个方面的发展能够持续有后劲。为实现可持续发展的目标，我们的发展本着对子孙后代高度负责的态度，不但关注到部门与区域的局部利益，还着眼于社会与国家的整体利益；不仅关注当前的经济发展需求，更注重国家与人民的长远综合利益；不仅要达到发展经济的目的，又要保护好人类赖以生存的大气、水源、土地和森林等自然资源与生态环境，做到"既要金山银山，又要绿水青山"，使子孙后代能够永续发展和安居乐业。

可持续发展，是经济社会发展的理想状态，其不但有利于促进社会发展过程中生态效益、经济效益和社会效益的统一，而且有利于促进经济增长方式由粗放型向集约型转变，从而使得我国的经济发展能够与人口、资源和环境相协调、相适应，推动国民经济持续、稳定、健康地发展，提高人民生活的水平、质量与幸福感。

而要提早迎来我国 EKC 曲线的"拐点"，我们不但需要"可持续发展"的先进理念，更需要将理想付诸实践，制定出切实可行的行动指南，大力推动生态文明建设。生态文明建设既是全面建成小康社会的关键指标，也是令经济发展的积极作用超越负面作用，并使得我国 EKC 曲线迎来"拐点"的关键力量。它将可持续发展这一理念提升到了绿色发展的高度，旨在为后人"纳凉"而"种树"，留给后人更多的生态资产，是功在当代、利在千秋的伟大事业。面对目前我国环境污染日益严重、生态系统逐渐退化、资源约束趋于紧迫的严峻形势，我们必须树立尊重自然、顺应自然和保护自然的生态文明理念，把生态文明建设放在突出位置，并将其融入经济建设、政治建设、文化建设、社会建设的各方面以及全过程，努力建设美丽中国，实现中华民族的永续发展。根据习近平主席在中国共产党第十九次全国代表大会上的报告，推进生态文明建设还需要以下几个方面的努力。

一是推进绿色发展。加快建立绿色生产和消费的法律制度和坚持正确的政策导向，建立健全绿色低碳循环发展的经济体系。构建市场导向的绿色技术创新体系，发展绿色金融，壮大节能环保产业、清洁生产产业、清洁能源产业。推进能源生产和消费革命，构建清洁低碳、安全高效的能源体系。推动我国经济的发展由物质资源推动型转向非物质资源或信息资源（科技与知识）推动型。推进资源全面节约和循环利用，实施国家节水行动，降低能耗、物耗，实现生产系统和生活系统循环链接。倡导简约适度、绿色低碳的生活方式，反对奢侈浪费和不合理消费，开展创建节约型机关、绿色家庭、绿色学校、绿色社区和绿色出行等行动。

二是着力解决突出的环境问题。坚持全民共治、源头防治，持续实施大气污染防治行动，打赢蓝天保卫战。加快水污染防治，实施流域环境和近岸海域综合治理。强化土壤污染管控和修复，加强农业面源污染防治，开展农村人居环境整治行动。加强固体废弃物和垃圾处置。提高污染排放标准，强化排污者责任，健全环保信用评价、信息强制性披露、严惩重罚等制度。构建政府为主导、企业为主体、社会组织和公众共同参与的环境治理体系。积极参与全球环境治理，落实减排承诺。

三是加大生态系统保护力度。实施重要生态系统保护和修复重大工程，优化生态安全屏障体系，构建生态廊道和生物多样性保护网络，提升生态系统质量和稳定性。完成生态保护红线、永久基本农田、城镇开发边界三条控制线划定工作。开展国土绿化行动，推进荒漠化、石漠化、水土流失综合治理，强化湿地保护和恢复，加强地质灾害防治。完善天然林保护制度，扩大退耕还林还草。严格保护耕地，扩大轮作休耕试点，健全耕地草原森林河流湖泊休养生息制度，建立市场化、多元化生态补偿机制。

四是改革生态环境监管体制。加强对生态文明建设的总体设计和组织领导，建立建全国有自然资源资产管理和自然生态监管机构，完善生态环境管理制度，统一行使全民所有自然资源资产所有者职责，统一行使所有国土空间用途管制和生态保护修复职责，统一行使监管城乡各类污染排放和行政执法职责。构建国土空间开发保护制度，完善主体功能区配套政策，建立以国家公园为主体的自然保护地体系。坚决制止和惩处破坏生态环境行为。

作为中国特色社会主义事业的重要内容和加速我国 EKC 曲线 "拐点" 到来的关键举措，坚持走可持续发展之路并大力推动生态文明建设，昭示着人与自然的和谐相处，意味着社会生产、人民生活方式的根本改变，标志着中国特色社会主义理论体系更加成熟，中国特色社会主义事业总体布局更加完善。它既关系到人民福祉、民族未来，又关乎 "两个一百年" 奋斗目标与中华民族伟大复兴中国梦的实现，是走向社会主义生态文明新时代的迫切需要，是民心所向，也是推动经济社会科学发展的必由之路。

8.2　经济结构的转型升级和新型城镇化

8.2.1　经济结构的转型升级

经济结构，指国民经济的组成和结构，其合理程度是影响 EKC 曲线形状的重要因素。

目前，学术界对于经济结构有不同的定义，在经济结构的理解上也存在差异。法国经济学家弗朗索瓦·佩鲁（Francois Perroux）将经济结构界定为 "表示时间和空间里有确定位置的一个经济整体的特性的那些比例和关系"。荷兰经济学家简·丁伯根（Jan Tinbergen）认为："经济结构是对有关经济对某些变化做出反应的方式的不可直接观察到的特征所作的考虑"，他强调的是经济不可直接观察到的特征，是只能通过使经济功能形式化的系数体系来间接反映经济结构关系的（皮亚杰，1978）。1979 年诺贝尔经济学奖得主威廉·阿瑟·刘易斯（1989）认为发展中国家的经济结构是一种由资本主义部门（即现代部门）和非资本主义部门（即传统部门）组成的二元经济。国内学者对经济结构也有深刻的认识和理解。贺晓东（1991）从国民经济整体角度研究经济结构，高度概括出经济结构的抽象定义，是指经济和社会活动中各部门之间、经济和社会运行各环节之间存在内在联系，以及由内在联系表现出来的整体性和系统性。谢健（2003）从区域角度研究经济结构，通过对 31 个省（自治区、直辖市）经济发展水平和经济结构进行定量分析，发现产业经济结构的变动是影响我国区域经济发展的主要原因，民营经济越发达，区域发展就越有活力。王芳（2004）从财政金融视角研究经济结构，通过实证研究发现，经济结构调整背后的逻辑是金融与经济发展相互影响。梁米亚和徐晋（2019）从数学角度认为经济结构就是一定社会背景下经济要素之间的关系。其中，社会背景是约束条件；经济要素是经济运行的各个相关对象，构成了集合；关系，包括数量关系（代数关系）、序数关系和拓扑关系。对经济结构的研究，以及产业政策对经济结构的调整，就是对上述关系的运算、分析与干预。

产业结构是经济结构的重要组成部分。1952 年，我国三次产业增加值占 GDP 的比重分别为 50.5%、20.8% 和 28.7%；1978 年，三次产业增加值占 GDP 的比重分别为 27.7%、47.7% 和 24.6%；2018 年，三次产业增加值占 GDP 的比重分别为 7.2%、

40.7% 和 52.2%。我国产业结构中第一、第二产业比重偏高，且与世界大部分国家相比，我国第三产业增加值在 GDP 中所占比重偏低。产业内部结构变化也存在一些不容忽视的问题。一是农业基础设施还比较落后，农业社会化服务体系仍不健全，农业产业化和规模化经营依旧处于起步阶段，大宗农产品区域布局不够合理。二是工业生产结构有待优化，具体表现为低生产水平下的结构性、地区性生产过剩，企业生产高消耗、高成本、集中度较低、自主开发能力较弱，在激烈的国际竞争中显得不太适应。三是第三产业内部仍以传统的商业、服务业为主，一些基础性第三产业（如邮电、通信）和新兴第三产业（如金融保险、信息、咨询、科技等）仍然发育不足。

在地区结构方面，1978 年前，东、中、西地区的 GDP 占总 GDP 比重相对较为平稳；而从 1978 年后，比重逐渐发生了变化：东部所占比重快速上升，中部和西部所占比重逐渐下降，特别是西部地区在 1990 年以后出现了较大幅度的下降，东中西三大地区的经济发展差距在不断扩大。地区经济结构不合理还突出表现在产业结构趋同，重复建设较为严重。据测算，目前我国东、中、西部工业结构的相似率达 90% 以上，且省内地市间的产业趋同化现象也十分严重。

另外，我国目前经济结构还存在着消费率偏低、投资率偏高、投资和消费的比例关系不协调及贸易顺差不断扩大等问题。

针对上述经济结构失衡的状况，需要从以下几个方面进行努力。

1）严格执行"三降一去一补"政策

中国共产党第十九次全国代表大会把供给侧结构性改革作为我国经济工作的主线，努力建立以实体经济为核心的高质量现代经济体系，支持传统产业转型升级、鼓励发展现代服务业，形成经济发展新的增长点与增长带。在经济结构调整与优化过程中要破除"唯GDP 论"、短视行为和机会主义等，尤其是不能以破坏生态环境为代价发展经济。

2）加强科技创新，突破关键核心技术

科学技术在经济发展中起着"第一生产力"的作用，尤其是全球进入创新引领的经济形态以后，科学技术的地位愈发重要。我国研发支出 GDP 占比逐年提升，2018 年研发总支出约为 1.97 万亿元，占 GDP 比重约为 2.18%，同比增长 11.6%。目前在整个经济产业转型过程中，关键核心技术创新面临的障碍非常凸显。中国人民大学经济学院张杰指出，在所有的产业体系里面，关键核心技术最根本的特征是"纯烧钱模式"与"不可被轻易山寨模式"的合二为一。不仅仅是高端生产设备、关键零部件等生产上存在核心技术问题，很多传统制造业也面临许多关键核心技术创新突破问题（朱紫雯和徐梦雨，2019）。政府应鼓励企业专注于现代制造业的创新与前沿技术的发展，不断促进企业与科研院所及高校之间的沟通联系，加快基础科学的发展及在此基础上的应用技术的市场化推广。

3）有为政府有利于促进经济结构转型升级

在经济结构不断调整优化的过程中必然会出现外部市场失灵问题，因此一个因势利导的有为政府有利于克服在经济转型升级中出现的外部性和协调性问题。同时政府要维护公平有序的市场秩序，打造良好的营商环境。营商环境已成为区域和国家竞争的主要砝码，单纯的优惠政策竞争已经转向以营商环境为主的制度竞争，政府要营造经济结构优化的优良环境, 可以适当进行有针对性的 "产业引导", 而不是 "产业规划"。

8.2.2 新型城镇化

城镇化是伴随工业化发展所产生的, 是社会发展的必然趋势, 是国家现代化的重要标志, 对扩大内需, 推动我国经济高质量发展具有重要意义。《国家新型城镇化规划 (2014—2020 年)》指出, 要以人为核心, 以城市群为主体形态, 以综合承载能力为支撑, 以体制机制创新为保障走以人为本、四化同步、优化布局、生态文明、文化传承的中国特色新型城镇化道路。

中华人民共和国成立至今, 中国的城镇化在曲折中不断探索了 70 多年。中华人民共和国成立之初, 中国城镇化水平只有 10.6%; 在 40 年间经历了一段 "逆城镇化" 的阶段; 改革开放之后, 中国的城镇化水平在 1978～2018 年实现从 17.92% 到 59.58% 的增长。特别是中国共产党第十八次全国代表大会以来, 我国的城镇化向质量型转化, 新型城镇化进程加速。

近年来我国在推进新型城镇化方面取得显著成就:

第一, 人口城镇化率随着市民化通道的拓宽而稳步提升, 城市的人口规模、占地面积、数量均有明显变化。与居民切身利益相关的户籍、居住证等政策全面落地。

第二, 城镇经济持续发展, 主要体现在经济总量显著增大、产业结构显著优化、消费升级稳步推进。其中城市群经济占比持续提升, 城镇综合实力显著增强。

第三, 重视以人为核心的城镇化, 更好地服务居民。城镇化过程中尊重广大人民群众意见, 不进行野蛮拆迁等强制活动, 且城镇化地区的基础设施、公众服务、社保医疗等民生服务也逐步完善。

第四, 城市群和中心城市的建设有序进行, 承载能力不断提高。城市群的人口、经济发展态势较好, 在新型城镇化的建设中起到重要带头作用。

总体而言, 我国在新型城镇化的建设过程中速度是较快的, 但是质量方面仍有待于提高。主要存在于以下方面:

(1) 在新型城镇化战略规划上所做的研究有限, 导致城镇规模与城镇资源、环境、产业政策之间仍出现不匹配现象。

(2) 人口的流动呈现多向叠加, 出现人口城镇化速度跟不上土地城镇化步伐的现象, 且农民市民化的质量有待提高。新型城镇化新在对 "人" 的重视和发展上, 城镇化的发展有目共睹, 但 "市民化" 的进程和质量更需要同步跟进。

(3) 对新型城镇化的管理缺乏经验, 对由此产生的社会矛盾和问题不够重视。城镇的公共服务能力虽有提高但仍然存在交通拥挤, 环境恶化、城市公共管理滞后等多重问题。在城市发展规律中出现这种有限空间饱和的现象时, "城市病" 也随之凸显, 城镇化的管理面临严峻挑战。

为构建新型的、更坚韧、更多元、更开放的城镇化布局, 应该注意以下关键问题:

1) 要对城镇战略规划进行精准布局

在城镇化建设上积极响应国家治理能力和治理体系现代化的号召, 对新型城镇化治理体系和能力进行精准布局。具体的战略规划方面应该广聚人才，发展一支多元化的团队，对城镇化建设过程中出现的多元化需求与矛盾进行平衡。可以参照"开发性 PPP"策略，通过社会资本与政府的合作关系，把区域可持续发展作为目标，在实施运营和基础设施方面以产业开发为核心，并采取激励相容的方法将两者合作之后的新增财政收入与绩效挂钩。

2）要提高新型城镇的各项支撑能力

基础设施要进行扎实构造、公共资源要进行合理配置、公共服务要进行精准投入。城镇化的发展要与城镇矛盾相适应，不断解决人民日益增长的美好生活需要和不平衡不充分的发展之间的矛盾，尽可能满足市民的合理需求。

3）要把握人口城镇化过程中的动态规律

（1）正确认识人口流动的方向与规模，了解人口向都市圈聚集，都市圈功能向中心城市传递的现象，充分把握人口市民化的动态过程。

（2）加强对城市群、都市圈的大学生引进、人口返乡的检测、农民工的支持等，以便为地区的发展留住高质量人才，为人口市民化把握机会。

（3）对市民化的农民进行技能与知识的教育培训，以提高城镇人口化的质量。目前的新型城镇化已经从高速发展向质量型转变，"城镇化"固然是指农村人口转化为城镇人口的一个过程，但这种"转化"不仅要有"广度"，更要有"深度"，即"不断提高城镇化质量和居民素质，使之健康发展"。

4）要依据各个城镇的规模、资源、文化等因城施策

由于各个城镇的规模、自然资源、历史文化等存在较大的差异，因此在推进新型城镇化的过程中要注重在户籍政策、空间布局、环境政策等方面因城施策。

（1）户籍、居住证等政策的落实不应该采取"一刀切"的方法，要依据具体的进城人数、意愿、需求等进行合理协调。

（2）对于城镇化的空间布局形态要区分大中小城市，采取"全尺度"思维，对宏观层次的都市圈、城市群、中心城市、县城和小城镇，还有微观地域的特色小镇、园区社区、共享空间等要采取适应其自身发展的不同策略，推动城镇化空间形态的多类型化。

（3）中国各地区的能源结构有很大的差异，具有不同资源禀赋的区域应该采取不同的资源与环境政策。如中国西部地区相对较不发达，引进重工业、化工业的动机更强，但西部地区环境相对脆弱，应该采取措施来抑制高耗能高污染的工业发展以此保护西部地区环境，为新型城镇化建设提供更有利的条件。

5）要对城镇发展过程中的生态环境问题加以重视

生态兴则文明兴、生态衰则文明衰。"绿水青山就是金山银山"，为深入贯彻习近平生态文明思想，在城镇化的推进过程中应该高度重视环境问题。

（1）对自然资源的开采要保持尊敬自然、敬畏自然的态度，使资源开采强度与发展潜力相匹配，不断提升资源环境的承载能力，肆意毁坏环境的做法是不可取的。

（2）城镇化的过程需要占用土地，对土地的规划要坚持红线与底线，对土地的使用要因地制宜发展经济。

（3）将技术与生态环境挂钩，通过新技术的引进，对已污染的城镇区域进行处理，坚持走可持续发展的道路。

8.2.3 不断提升节能减排潜力

节能减排是构建社会主义和谐社会重大举措，是建设资源节约型，环境友好型社会的必然选择，对于调整经济结构、转变经济增长方式、提高人民生活质量具有极其重要而深远的意义。

1）大力发展第三产业，引导产业结构的调整和升级

第三产业的大力发展，无疑会降低单位 GDP 能耗。但在现实中结构调整是一个缓慢的过程，不是一个部门所能解决的，需加强部门之间的协调，通过制度安排和政策引导来实现。各级领导和管理者处理好当前利益与长期利益的关系、局部利益和全局利益的关系，兼顾经济社会发展与资源环境的保护，减少管理和政策的相互抵消效应，防止部门追求利益最大化以及由此产生的腐败问题。

2）以绿色科技为动力，提高节能减排效益

发展绿色科技不仅是节约资源、保护环境的重要动力，也是提高自主创新能力、突破绿色贸易壁垒的重要措施。企业在生产过程中开发能最有效地利用资源、尽可能地减少污染物排放的技术和工艺，实行清洁生产，充分发挥科学技术在节能减排中的作用。

3）变革发展理念，转变经济增长方式

近代以来，人类中心主义的不断强化，导致了人与自然关系的冲突和紧张。因此在制定经济发展战略时把自然也作为主体，把自然看作是与人类平等的生存对象，把人类社会的道德伦理延伸到自然界，这样我们的政策才会既关注到人，也关注到自然，真正实现人与自然和谐共存。改变 GDP 等于发展、重化工就是工业化等片面认识，改进对政府经济社会发展实绩的考核，使经济增长方式朝着有利于生态环境的方向发展。

4）建立长期有效的制度保障

（1）建立健全有利于环境保护的决策体系。建立环境问责制，将环境考核情况作为干部选拔任用和奖惩的依据之一。

（2）探索绿色国民经济核算方法，将发展过程中的资源消耗、环境损失和环境效益纳入经济发展的评价体系。

（3）积极推动以规划环境影响评价为主的战略环评，从发展的源头保护环境；保障公众的环境知情权、监督权和参与权，扩大环境信息公开范围。

（4）加快节能环保标准体系建设。加快制（修）订重点行业单位产品能耗限额、产品能效和污染物排放等强制性国家标准，以及建筑节能标准和设计规范，提高准入门槛。制定和完善环保产品及装备标准。鼓励地方依法制定更加严格的节能环保地方标准。

（5）强化节能减排管理能力建设。建立健全节能管理、监察、服务"三位一体"的节能管理体系，加强政府节能管理能力建设，完善机构，充实人员。加强节能监察机构能力建设，配备监测和检测设备，加强人员培训，提高执法能力，完善覆盖全国的省、市、县三级节能监察体系。继续推进能源统计能力建设。推动重点用能单位按要求配备计量器具，推行能源计量数据在线采集、实时监测。开展城市能源计量建设示范。加强减排监管能力建设，推进环境监管机构标准化，提高污染源监测、机动车污染监控、农业源污染检测和减排管理能力，建立健全国家、省、市三级减排监控体系，加强人员培训和队伍建设。

5）建立以循环经济为重要特征的经济发展模式

大力发展循环经济是节能减排的具体体现，也是可持续发展的重要方面。要优化能源利用方式，提高能源生产、转化和利用效率。以减量化、再利用、资源化为原则，以低消耗、低排放、高效率为基本特征，实现最佳生产、最适消费、最少废弃。

6）积极倡导环境友好的消费方式

（1）大力倡导适度消费、公平消费和绿色消费，反对和限制盲目消费、过度消费、奢侈浪费和不利于环境保护的消费。

（2）通过环境友好的消费选择向生产领域发出价格和需求的激励信号，刺激生产领域清洁技术与工艺的研发和应用，带动环境友好产品的生产和服务。

（3）通过生产技术与工艺的改进，不断降低环境友好产品的成本，促进绿色消费，最终形成绿色消费与绿色生产之间的良性互动。

8.3 发达国家的经验教训与中国的后发优势

8.3.1 烟雾事件

1. 伦敦烟雾事件

1952 年 12 月 5 日至 12 月 8 日的伦敦烟雾事件是 20 世纪十大环境公害事件之一。在那一周，伦敦市因支气管炎、冠心病、心脏衰竭和结核病死亡的人数分别为前一周的 9.5、2.4、2.8 和 5.5 倍，发病率明显增加的还有肺炎、流行性感冒等呼吸系统疾病。即使烟雾在 12 月 9 日逐渐散去，但在之后的两个月内又有近 8000 人死于由烟雾事件引发的呼吸系统疾病。

造成此次伦敦烟雾事件的元凶是家庭烟煤的排放，工业燃煤和废气是帮凶。当时伦敦的家庭燃煤设备还主要是传统壁炉，这种壁炉有利于室内通风，但由于燃烧不充分会带来 SO_2、CO 及焦油等污染物。虽然当时已经出现作为燃料的焦炭供应，但不太适合家庭使用，因此推广效果并不好，再加上人们对家庭室内良好通风的偏好，对改善壁炉的冷漠态度，使得家庭燃煤设备的更新改革进程很慢。此外，大工业锅炉燃烧产生的煤炭灰以及小工厂使用的鼓风机和焦炉产生的煤烟随着通风气流被排放到空气中，导致空气中的烟尘、氮氧化物、粉尘、含硫气体等污染物增加；当时伦敦陶瓷厂使用盐釉制法，会排放碳酸气体，而工厂当时出于成本考虑未安装除尘、清洁设备，即使有的安装了净化装置，也由于排放高度低，无法在人口密集的伦敦城市扩散，依然会造成很严重的环境问题。伦敦烟雾事件推动了《清洁空气法案》的出台，同时大众环保意识提高，环保技术提升。因而20世纪70年代后，伦敦城市的大气污染程度降低了80%，也摘掉了 "雾都" 的帽子。

2. 洛杉矶烟雾事件

1943年5月至10月，最早的大型光化学烟雾大气污染事件在美国洛杉矶地区出现。这种烟雾使人头痛、眼睛发红、喉咙疼痛；家畜患病、农植物生长受到阻碍；材料、建筑受到腐蚀。光化学烟雾也使大气浑浊、能见度降低，影响汽车、飞机的正常运行，车祸、飞机坠落事件发生频次增加；城市1000m外位于海拔2000m的柑橘减产、松林枯死。

光化学烟雾主要是由汽车尾气、工业废气造成，洛杉矶巨大的机动车保有量和独特的地理位置加剧了这种现象。20世纪40年代洛杉矶就拥有250万辆汽车，每天大约消耗汽油1100t，排出氮氧化物300多吨，碳氢化合物1000多吨，一氧化碳700多吨。尾气中的烯烃类碳氢化合物与二氧化氮在紫外线的照射下，吸收太阳光能量发生化学反应产生有剧毒的光化学烟雾。还有一些排放石油燃料的供油站、炼油厂的化合物被排放到空中，使得阳光明媚的洛杉矶变成了制造毒烟雾的工厂。洛杉矶的地形是三面环山，烟雾不易扩散，所以会滞留在城市上空、加剧大气污染。

20世纪五六十年代，洛杉矶开始大规模控制汽车排放，同时鼓励生产新型排放标准汽车，成立机动车污染控制管理局，实施汽油清洁化处理行动。2007年，洛杉矶的空气质量终于达到清洁空气的标准。

8.3.2 德国、日本的环境治理

1. 德国的环境治理

德国鲁尔地区是人类工业文明的缩影，是著名的老工业基地。如今，鲁尔地区正在摘掉自己老工业基地的帽子，发展各项新型产业基地。以鲁尔地区为代表的老工业区的转型经验是十分值得借鉴的。

鲁尔地区的转型是由政府主导的，从老工业区改造、区域合作和管理模式转变三方面进行。第一，针对老工业区的相关措施是最核心的环境治理方案。在老工业区改造方面，政府布局经济多元化发展，在原来工业旧址上发展新型产业，将工业森林改造为体验自然的休闲游憩场所；将一些经典废弃的煤炭钢铁厂改成露天博物馆；将小规模的工业厂房改造成小型博物馆；将废旧的厂区改造成可购物、可旅行的综合性服务场所。在未来发展前景层面，德国政府以人才为先，提供转型的智力支撑，在鲁尔地区建立了一批高等院校，实现了鲁尔地区从矿井到大学的置换，给鲁尔地区注入源源不断的创新活力。这些院校成为老工业基地转型与德国科研进程中的 "创新工厂"，带动当地就业，促进鲁尔地区 "蜈蚣" 式经济结构的发展。从政府补助层面，德国政府针对夕阳产业的煤炭产业采取逐渐退出的策略，将部分财政资金投入煤炭产业以防止煤炭生产量下降过快，使之过渡到一个渐进的淡出过程，为鲁尔地区的转型发展争取了宝贵时间。第二，制订合理的对外的区域合作策略。鲁尔地区在转型过程中有很强的区域合作意识，鲁尔地区联合会有专门负责埃姆舍国际建筑展运营的下属小组，该展会的成果会作为城市的一部分被保留下来。"棕地再生"作为展会的核心内容之一，具有独特的区域认知原则、统筹实施方式以及空间策略上对"个体-区域并进"的整体性，成为德国鲁尔地区转型过程中的重要驱动力。第三，对政府自身而言，明确自身定位，在科技进步的基础之上对鲁尔地区治理进行前瞻性的引导，遵循市场规律来推动转型和发展新兴产业。更重要的一点在于，鲁尔地区的地方政府在城市形象的改变上进行了大力扶持，通过开发新经济园区、挖掘人工湖、参加创新项目等来吸引科技、环保企业落户，减少城市 CO_2 排放，带动环保科技的产业化。

2. 日本的环境治理

20 世纪五六十年代，日本的环境问题曾一度十分严重，而日本又是怎样经过环境治理转变为如今的"花园国家"的呢？

日本的环境治理主要是以政府为中心，向外辐射到企业、地方政府、公众三个方面。首先，政府下放权力到地方，实行"外包"政府公共服务职能，放宽环境改善主体的要求，专门设立的管理部门或是私人组织均可进行环境问题治理，但也硬性规定了费用的分摊方式，形成了开放式市场化的环境治理新格局。其次，政府与企业之间形成"双向复合型"治理模式，政府对企业进行法律上的约束、规范协商，要求企业的环境信息公开；企业则在政策指引下对产品供应链渗透环境治理理念，与公众合作实现环境治理与效益的双向提升；公众则监督企业的环境问题。最后，日本非常重视环境教育，从"保护自然"的思想到为"日本绿色经济提供强大的人才储备"的思想转变过程中，日本的环境教育已步入世界前列。同时，政府将社会利益融入环境治理中，让公众参与环境治理人员的选举，鼓励公众形成非政府组织并与政府互动公众意见，通过这种沟通、交流的方式来减少制度张力，顺应民意，为自"上"而"下"的环境决策共识创造机会。

8.3.3　中国的后发优势

汲取德国、日本等国家环境治理的经验，为避免类似"伦敦烟雾事件"、"洛杉矶光化学烟雾事件"等恶性环境事件的发生，我国可以从以下方面采取措施。

（1）政府。环境保护过程需要各级政府的宏观规划调控，更需要公众的配合。在环境治理的过程中，处理好政府与公众的有效沟通交流，建立开放型政府，使政府全面了解群众意见，也使得群众有了解、查阅政府相关政策的可靠渠道，形成官民对环保政策的共识。

（2）企业。企业需要秉承"绿水青山就是金山银山"的发展理念，树立以保护环境为先的发展理念，在企业发展过程中积极响应国家号召，安装相应的清洁装置，达到排污标准；同时也要积极与公众进行环境治理与效益的双向合作。

（3）工业区。将一些经典废旧工业区设立成工业遗址景点或者博物馆，在保护工业遗址的同时还可以带来经济效益；对于其他一些经济价值不大的工厂，可以因地制宜，将其改造成公园、人工湖或者是大学、商城。

（4）环保教育。提高全民的环保意识教育，以"促进中国绿色经济发展"的理念替代"保护自然"的理念，提倡使用新能源、发展新兴产业，在发展中改善环境问题。

（5）尾气处理。对于汽车尾气的治理从根源抓起，强制性改进汽车排污系统，鼓励生产新能源汽车，对不可避免的汽车尾气排放进行及时处理利用。

8.4　针对不同环境污染物的差异性管控措施

通过前文和相关学者的实证可知，不管是对水资源、SO_2 还是 CO_2 而言，EKC 曲线在我国都是成立的。可能不同污染物作为 EKC 曲线检验对象时其曲线形态有所差异，如 U 形、倒 U 形、N 形和倒 N 形。但是，长远来看，这些曲线的形状只是 EKC 曲线的某一阶段的特殊形态。因此，总的来说，实证证据表明 EKC 曲线在中国是存在的。同时，实证结果亦表明，不同污染物作为被解释变量时，EKC 曲线所出现的拐点很可能不尽相同。此外，经济增长不仅造成了环境污染，且其所带来的环境污染物对居民健康的影响也很大，造成的经济和社会成本较高。而且目前形势下，我国很多污染物的 EKC 曲线"拐点"尚未到来，我国经济的发展依旧会造成环境的恶化，因此人为的调控必不可少。

1. 水资源生态管理

宏观上，尝试建立以流域为核心的治理模式。我国的河流具有跨区域、连续性的特征，因此，我国现行的以行政区划为单位的治理模式非常不利于水资源保护，因为这样会造成地区之间的沟通和协作性较差，在环境保护上存在相互推诿的弊端。因此，强化流域管理委员会的作用，加强地区间的协调，保证环境政策在空间上的连续性和协作性非常有必要。以流域为单位实施重大的水资源治理措施，促使流域治理从各自为政的行政区域管理向尊重流域自然属性的合作管理发展；改变过去由多部门分割管理的模式，逐渐形成单一部门的统一管理。不同流域由于水资源自然禀赋、人口、资源、地理、经济发展程度等的差异，水资源环境随经济发展表现出各自独特之处。各大流域综合治理与开发，需要从自身实际出发，认清本质，因地制宜，促进流域健康可持续发展。明晰产权归属问题，进一步推行"谁污染谁治理"的治理理念，并积极提升执行力度。

微观上，首先积极推进清洁生产技术，尤其对于纺织业、造纸及纸制品行业、食品加工业、电子设备制造业、电力及水生产供应业等工业废水排放量较大的行业的水资源生态管理。通过生产工艺的改进和改革、生产原料的改变、操作管理的强化以及废物的循环利用等措施，让污染物尽可能地消失在生产过程之中，尽可能使废水排放量减到最少。其次，提高工业用水重复率，促进工业废水与城市生活污水集中处理，在工业废水的水质满足进入城市下水道的水质标准的前提下，尽可能地将工业废水排入城市下水道，进入城市废水处理厂与生活污水合并处理。最后，通过征收排污费控制污染物排放量，严格执行水污染物排放标准和总量控制制度，加快推行排污许可证制度。此外，关于用水方面也需要积极管理。水资源短缺情况、用水情况、经济发展水平及其他社会经济因素在我国的不同地区之间有较大的差距，当地政府应当针对当地的实际情况制定有效水资源管理策略。对于用水量尚未跨越 EKC 曲线拐点并处于用水量上升段的地区，要通过努力进入曲线的下降段，无论当前"拐点"处在何位置，都需要避免出现用水量再次上升的"回弹效应"。因为经济欠发达地区用水量下降的拐点普遍小于经济发达地区的拐点水平，因此，需要强化国家政策倾斜，加大对欠发达地区的支持，缩小地区社会经济发展差距，促进经济增长以跨过拐点进入倒 U 形曲线的下降段。跨越过转折点的多数较发达省份可以通过调整经济发展水平缓解用水压力。另外，建立健全地区水价制度、严格管控水资源供应量和加大公众节水宣传教育也都是广泛适用的有效措施。

2. 空气污染防治

空气污染的经济属性决定了单纯依靠市场的力量无法达到预期效果，但城市群（如京津冀）的环境规制能够对空气质量产生显著改善作用。因此，可进一步加大管控力度，提高环境规制政策科学性。特别是对于空气污染比较受关注的京津冀地区，跨区域协同治理是其发展的内在要求，也是必然选择。着眼京津冀协同发展的大背景与生态环境治理全局，京津冀三地的发展水平与产业结构存在明显差距，决定了各地的治理资源、技术、资金等方面存在差异，因此需要基于京津冀区域利益协调机制下，设立协同治理机构，统一调配资源、筹集资金，实现资源的最优配置。一方面，在京津冀城市群空气污染治理资金方面，建立三地政府资金补助机制、专项补偿基金，同时，根据各地不同的空气污染治理成本，按照受损方应得补偿、受益方应提供补贴的原则建立生态补偿机制。另一方面，建立京津冀城市群信息共享机制。信息畅通是京津冀城市群空气质量得以改善的重要基础，其包括跨区域的地方信息系统、污染物监测系统、信息公布系统、信息反馈平台等。进而在京津冀区域实施大气污染信息的网格化管理，切实落实责任，将空气污染防治任务遍布京津冀每一个角落。京津冀城市群空气污染治理资源共享机制的建立，促进了区域统一的环境治理资金、政策、标准等深度融合，为京津冀城市群空气质量改善提供了坚实的基础。

8.5 协调宏观经济、产业、能源和环保等相关政策

外部性反映经济活动中的主体给其他主体带来没有得到支付或补偿的影响，从而可能引起市场失灵。许多政策的制定旨在弥补外部性引起的市场失灵。然而，由于各个政策目标的复杂与不一致性，包括宏观经济政策在内的公共政策的执行，对环境也会产生不同的效果。为有效促进经济可持续发展，加速 EKC 曲线拐点的到来，可以从产业发展、能源消费与环境规制等方面着手有效治理环境污染。

1）调整产业结构
转变粗放型的工业发展方式，大力发展第三产业，优化产业结构，推动产业结构升

级。第一产业要加强资源节约型、高附加值的集约型农业发展。同时，为能源消费强度相对较低的第三产业发展提供基础和良好的环境也十分重要。中国西部的一些地区如宁夏、内蒙古、青海和新疆有很大比例的初级工业，传统的粗放型能源消费模式导致这些地区的能源消费规模特别大。为了提高能源消费效率，这些地区应促进现代农业的发展，促进生产规模的专业化和标准化，特别关注农业产业链的发展。同时，建设农业集聚区，发展农业旅游和生态功能。对于第二产业，政策制定者应做出强有力的政策决定，进一步限制高耗能和污染密集型产业的比重，限制造纸、化工原料、化工产品制造等重点污染产业发展。此外，大力发展低能耗、高附加值的服务业也是实现产业结构转型升级的有效途径。在云南、海南、广西等休闲、娱乐和旅游资源丰富的地区，鼓励发展能耗低、环境友好的旅游业具有重要意义。

2）提高能源利用效率

能源政策的实施应以提高能源利用效率为目标，以不同的经济发展水平为基础。东部地区能源短缺频发，高效利用能源是其促进城镇化综合发展的客观要求。加强基础研究，促进科研机构与企业的相互联系，将科学理论转化为技术实践，提高能源利用效率。鼓励企业在不同行业的节能潜力基础上进行技术创新，不断缩小实际产量与经济环境最优水平的差距。相对贫困的西部地区和省份，能源消费与经济增长的关系仍然密切、高度相关，相应的能源政策应为其能源消费增长留出更大的空间。同时，加强区域间的合作与协调，打破区域因素流动的障碍，实现能源和资源向更发达的东部地区出口的发展模式；创造有利条件，引导投资和先进技术流向相对欠发达的中西部地区。

3）优化能源消费结构

综合运用政策引导和市场调节机制，引导能源消费结构调整。优化能源消费结构、提高清洁能源消费比重至关重要。在城市化进程中，政府需要制定相关政策，促进清洁能源的使用。一方面，政府要广泛促进居民日常生活和经营活动中清洁能源的利用；另一方面，要根据不同地区、不同省份的特点制定有针对性的政策。同时，各地资源禀赋差异较大，部分省份能源过剩，部分地区能源短缺。政府可以主导建立一个全国范围的能源配置项目，以平衡各地区清洁能源的供需。此外，在山东、江西、内蒙古等传统能源消费过剩地区，应制定更加严格的环境监管政策，加快用新能源替代传统能源。从能源发展的角度看，政府应实施各种优惠政策，以较低的成本生产和供应清洁能源。应大力提倡各种清洁能源基础设施的建设，以降低发电设备的空置率。

4）出台环境规制政策

对于环境污染的治理，出台适当的环境规制政策，全面评估和权衡环境规制的成本和收益，在原有的环境规制中逐步引入市场化机制，构建市场机制为主导的环境规制体系。从短期来看，环境规制可能难以实现降污和增效的双赢，但是人们往往忽视环境规制实现"降污"以后所带来的长期收益和污染加剧所带来的短期隐性成本及长期机会成本。对于正处于经济发展重要转型期和环境污染形势极为严峻的我国而言，当政策短期内难以同时兼顾降污与增效达到"双赢"时，实施一定程度的环境规制不失为适应经济新常态"调速换挡"的"次优"选择。比实施一定程度环境规制更为重要的是推动环境规制改革。

以行政命令手段为主的规制体系对于当下和今后中国的经济发展越来越难以发挥有效的作用，传统的规制手段与现代市场经济发展和政府运行的摩擦会越来越大，也难以起到持续发挥环境规制"降污"效应的作用，而且不利于激励技术进步，影响经济发展。积极发展环境市场，推行清洁能力、碳排放、排污权、水权交易，推进排污费改税及更大程度的环境税改革，尽快推广环境金融、环境保险和环境审计等制度，具有重要价值。创造良好的制度环境对于放大环境规制的效应空间具有重要意义。加快生态文明制度建设不仅需要其内部制度创新，而且还必须依赖制度实施的环境。只有将环境保护进一步融入经济建设、政治建设、文化建设和社会建设中，才能更好地发挥市场、政府和社会三股力量的合力作用。

<h1 style="text-align:center">参 考 文 献</h1>

贺晓东. 1991. 从城乡分化的新格局看中国社会的结构性变迁. 社会学研究，(2)：2-14.

梁米亚，徐晋. 2019. 论经济结构的理论基础——从布尔巴基学派到建构主义经济学. 经济问题探索，(8)：169-180.

刘易斯. 1989. 二元经济论. 施炜等译. 北京：北京经济学院出版社.

皮亚杰. 1978. 结构主义. 倪连生，王琳译. 北京：商务印书馆.

王芳. 2004. 经济金融化与经济结构调整. 金融研究，(8)：120-128.

谢健. 2003. 经济结构的变动与区域经济的差异分析. 中国工业经济，(11)：78-84.

朱紫雯，徐梦雨. 2019. 中国经济结构变迁与高质量发展——首届中国发展经济学学者论坛综述. 经济研究，54（3）：194-198.

Brundtland G H, Khalid M, Agnelli S, et al. 1987. Our Common Future. New York.

Deacon R T, Norman C S. 2004. Is the environmental Kuznets curve an empirical regularity? UC Santa Barbara: Department of Ecnomics.

后 记

历时一年多，本书终于完成。掩卷沉思，不禁思绪万千。近年来，中国经济社会迅猛发展，人民生活水平不断提高，中华民族正走在伟大复兴的康庄大道上。然而，伴随着快速发展出现的能源与环境问题，业已成为我国经济持续快速健康发展的瓶颈，亦是可持续发展之路上的重大隐忧。放眼世界，美国、英国、德国和日本等发达国家在发展过程中也曾经历环境污染加剧而后逐渐好转的过程。作为世界上最大的发展中国家，中国目前所面临的环境污染问题，可能也是发展过程中难以避免的"阵痛"。如何能尽快地让环境污染达到"拐点"，促使环境质量得到实质性改善，最终使得经济发展与良好的生态环境互相促进，是笔者一直关心的问题，也是写作本书的初衷。从学术角度上讲，这种环境质量随经济增长先恶化而后改善的过程，称为"环境库兹涅茨曲线"。探究中国环境库兹涅茨曲线的存在性及其形态、特征和影响因素，对于中国的绿色发展和可持续发展，以及经济、能源和环保政策的制定，都有着非常重要的积极意义。

从德国汉堡大学（Universität Hamburg）获得经济学博士学位毕业后，我进入了北京理工大学管理与经济学院和能源与环境政策研究中心从事教学科研工作，专注于环境经济、能源经济、环境政策方面的研究。本书是我在北京理工大学工作六年多来在经济发展与环境质量关系方面研究成果的阶段性汇总和提炼。正所谓"众人拾柴火焰高"，本书的部分研究，是我和从事环境经济与政策研究的同行、同事及学生的共同学术成果的结晶。本书付梓之际，我要特别感谢如下同事和好友：北京理工大学能源与环境政策研究中心的廖华教授、王科教授、余碧莹教授、梁巧梅教授、李果教授、吕鑫副教授、刘文玲副教授、马晓微副教授，北京师范大学张生玲教授、林永生副教授、张江雪副教授，澳大利亚悉尼科技大学（University of Technology Sydney）施训鹏教授，伦敦大学学院（University College London）米志付博士，台湾实践大学（高雄校区）张存炳教授，台湾"国立中山大学"李建强教授，湖南大学张跃军教授，上海财经大学邵帅教授，山东大学常东风教授，中国矿业大学（武汉）於世为教授，暨南大学何凌云教授、马春波教授，江苏大学龙兴乐教授，南京理工大学王玉东教授，南京航空航天大学王群伟教授，西南财经大学黄俊兵副教授，华北电力大学张金良副教授，中国矿业大学（北京）樊静丽副教授、王兵副教授，中国地质大学（武汉）陈浩副教授，武汉大学谭秀杰副教授，澳门大学袁嘉副教授，以及上海交通大学张攀助理教授等。他们在本书的写作及各章节研究过程中给予了我不同形式的帮助和支持。我的研究生吴海涛、王泠鸥、吴烨睿、赵明远、高尚、晏国耀、巴宁、盖志强、吴开发、朱丽玮、胡欣蕾、郭云霞等在本书的撰写过程中做了协助查阅资料、完善书稿等工作，在此一并表示感谢。

在本书的研究和撰写过程中，得到了国家自然科学基金项目（71761137001，71403015，

71521002）、北京市社会科学基金研究基地项目重点项目（17JDYJA009）、北京市自然科学基金面上项目（9162013）、北京市教委共建项目专项资助等的资助和支持。借此机会，还要特别感谢北京理工大学副校长暨北京理工大学能源与环境政策研究中心主任魏一鸣教授，管理与经济学院院长王兆华教授、党委书记颜志军教授、副院长唐葆君教授、院长助理暨北京经济社会可持续发展研究基地执行主任张祥教授等领导，以及管理与经济学院的各位同仁，同时特别感谢北京师范大学经济与资源管理研究院名誉院长李晓西教授、党委书记张琦教授，感谢他们对我和我的团队长期以来的关爱、支持和帮助。没有他们的扶持和帮助，本书难以完成。

　　由衷地希望本书的出版能为中国的环境经济与政策研究以及环境政策的制定贡献一点绵薄之力，能够引发关心中国环境质量与可持续发展的朋友们的一点思考和讨论。当然，由于知识和水平有限，书中难免存在疏漏和不妥之处，还请各位读者朋友批评指正。

郝　宇

2019 年 12 月 18 日于北京

作 者 简 介

郝宇，男，1983年2月生，湖北黄石人。教授，博士生导师，北京理工大学管理与经济学院应用经济系主任。武汉大学物理学与经济学双学士（2005）、北京师范大学经济学硕士（2008）、德国汉堡大学经济学博士（2012）。现就职于北京理工大学管理与经济学院应用经济系/能源与环境政策研究中心、北京经济社会可持续发展研究基地。

兼任东盟东亚经济研究所（ERIA）顾问，中国优选法统筹法与经济数学研究会能源经济与管理研究分会常务理事，*Energy Economics*、*Ecological Economics*、*Energy Policy*、*Applied Energy*、*Applied Economics*、*Transportation Research Part D：Transport and Environment* 等学术期刊匿名评审。讲授高级宏观经济学、管理经济学、应用统计学、宏观经济学（双语）等课程。获2017年度霍英东教育基金会第十六届高等院校青年教师奖。指导多个本科生团队完成国家级和北京市级大学生创新训练项目，并获评2016年度和2018年度北京理工大学"十佳优秀大学生创新训练项目指导教师"。目前的主要研究方向为宏观经济、能源经济、环境政策等，主持包括国家自然科学基金国际合作（中德）项目、国家自然科学基金青年项目在内的国家级和省部级纵向研究课题8项。迄今为止已在 *Energy Economics*、*Environment and Development Economics*、*Energy Policy*、*Applied Economics*，*Applied Energy*、*Journal of Cleaner Production* 和《中国软科学》等国内外学术期刊发表学术论文90余篇，其中以第一作者/通讯作者发表SCI/SSCI论文72篇（含ESI高被引论文（前1%）7篇，热点论文（前0.1%）1篇）。